DIE BLÜTEZEIT DER ARABISCHEN WISSENSCHAFT

Herausgegeben von
Heinz Balmer und Beat Glaus

vdf Verlag der Fachvereine Zürich

Der Verlag dankt dem Schweizerischen Bankverein
für die Unterstützung zur Verwirklichung seiner Verlagsziele

Dieses Buchprojekt wurde in verdankenswerter Weise durch Beiträge der
folgenden Institutionen unterstützt:
Ulrico Hoepli-Stiftung
Georges und Jenny Bloch-Stiftung
Stiftung zur Förderung der mathematischen Wissenschaften in der Schweiz
Universität Zürich

ISBN 3 7281 1593 2

Inhaltsverzeichnis

Einführung

Bartel Leendert van der Waerden

Wer kennt nicht die Märchen aus Tausendundeiner Nacht? Die Moscheen im arabischen Kulturkreis mit ihren Minaretten und Arabesken erfreuen unser Auge. Arabische Wörter wie Alkohol, Alchimie, Algebra sind uns geläufig. Sternnamen wie Aldebaran kommen aus arabischen Sterntafeln, und das Hauptwerk des grossen Astronomen Ptolemaios ist uns unter dem arabischen Namen Almagest bekannt. Die Elemente Euklids wurden uns zuerst zugänglich durch Übersetzungen aus dem Arabischen.

Und trotz alledem ist die Geschichte der islamischen Wissenschaften lange Zeit sehr vernachlässigt worden. Die klassische griechische Wissenschaft wurde im vorigen und in unserem Jahrhundert gründlich studiert: Texte wurden ediert und übersetzt; Abhandlungen und Handbücher über griechische Wissenschaft wurden geschrieben. Auch die Werke der grossen Erneuerer Kopernikus, Galilei, Kepler und Newton, die unsere heutige Naturwissenschaft begründet haben, wurden fleissig studiert. Aber die islamische Mathematik und Astronomie wurde meistens nur ganz kurz gestreift oder ganz übergangen. Ähnlich ging es wohl in der Geschichte der Medizin und der Philosophie.

Es gab zwar Ausnahmen. Nallino übersetzte das astronomische Hauptwerk von al-Battani ins Lateinische. Heinrich Suter brachte 1900 sein wertvolles Sammelwerk "Die Mathematiker und Astronomen der Araber" heraus. Andere wertvolle Studien wurden vereinzelt publiziert.

Jedoch erst in neuester Zeit hat man angefangen, die wertvollen Schätze der islamischen wissenschaftlichen Literatur, die in den Bibliotheken verwahrt sind, zu publizieren und zu bearbeiten. Als Musterbeispiel erwähne ich eine Veröffentlichung von E.S. Kennedy, der damals in Beirut war, jetzt in Frankfurt am neuen Institut für Geschichte der arabischen Wissenschaften. Kennedy veröffentlichte 1956 ein Standardwerk: "A Survey of Islamic Astronomical Tables", und seitdem nimmt die Zahl der Publikationen zur islamischen Wissenschaft ständig zu. Immer mehr Handschriften werden veröffentlicht, übersetzt und kommentiert.

Die Veranstalter des Wissenschaftshistorischen Kolloquiums haben gemeint, dass die Zeit jetzt günstig ist, einem interessierten Publikum etwas über die Geschichte der arabischen Wissenschaften zu erzählen. Das Gebiet ist sehr ausgedehnt, und daher haben wir uns beschränken müssen. Die sehr wichtige arabische Astronomie haben wir ausgelassen. Der Band enthält Beiträge über arabische Philosophie, Medizin, Mathematik, Musiktheorie, Physik und Chemie.

Der arabische Aristoteles und die Einheit der Wissenschaften im Islam

Gerhard Endress

Dem grossen Kalifen al-Ma'mūn, der das islamische Reich der Abbasiden auf den Höhepunkt seiner Macht und die arabische Kultur des Islams zu ihrer klassischen Blüte führte, erschien in den zwanziger Jahren des 9. Jahrhunderts im Traum Aristoteles. Er sah, so erzählt die Legende, "einen Mann von heller, etwas rötlicher Hautfarbe, mit weiter Stirn, zusammengewachsenen Brauen, kahlhäuptig, blauäugig, von schöner Wesensart"; der Kalif fragte die ehrfurchtgebietende Erscheinung: "Wer bist du?" und hörte voll Freude, es sei Aristoteles. Sogleich bittet er um Antwort auf eine Frage: "Was ist das Gute?" Die Antwort: "Was vor der Vernunft gut ist." Und was noch? "Was vor dem Gesetz gut ist." Und weiter? "Was vor der Menge gut ist." Und sonst? "Sonst nichts." Dieser Traum, so heisst es weiter, "war einer der stärksten Gründe für die Übersetzung der Bücher" – gemeint sind die Bücher der griechischen Philosophie und Wissenschaft –; "es kam zu einem Briefwechsel zwischen dem Kalifen und dem Kaiser von Byzanz: al-Ma'mūn wandte sich an ihn mit der Bitte, Werke der alten Wissenschaften, die im byzantinischen Reich aufbewahrt wären, auswählen und über sie verfügen zu dürfen. Der Kaiser stimmte zu, nach anfänglicher Weigerung, und darauf sandte al-Ma'mūn eine Reihe von Leuten aus" – einige werden namentlich genannt –, "die nahmen von dem, was sie fanden, eine Auswahl und brachten sie zu ihm; er befahl, die Bücher zu übersetzen, und also geschah es."[1] In der Tat mag der Kalif mit Kaiser Michael II. um 820 friedliche Beziehungen gepflegt haben; gegen seinen Nachfolger musste er zu Felde ziehen, und auf einem der Züge zur Verteidigung der islamischen Westgrenze ist al-Ma'mūn im Jahre 833 gestorben. Aber nicht die Werke des Krieges, sondern die Werke des Geistes bewahrten ihm bleibenden Ruhm[2].

Zwar ist die Geschichte der Traumerscheinung des grossen Philosophen Legende, aber als anekdotische Verdinglichung eines historischen Prozesses ist sie lehrreich. Zwar hatten die Übersetzungen griechischer Werke ins Arabische schon zwei Generationen vor al-Ma'mūn begonnen; aber er führte sie durch grosszügige Förderung auf ihren Höhepunkt. Zwar war der überwiegende Teil der Übersetzungstätigkeit bis in die Zeit des Ma'mūn nicht der Philosophie, sondern der Medizin und den mathematischen Wissenschaften gewidmet; aber in der Epoche des Ma'mūn begann die Entwicklung einer arabisch-islamischen Philosophie eigenen Ranges. Die Legende wurde in späterer Zeit erzählt, aber sie setzte im Rückblick einen bedeutsamen Akzent: Die Philosophie – und als ihren Ersten Lehrer sah die Überlieferung Aristoteles – gibt den rationalen Wissenschaften Methode, Richtung und Zweck; und es ist die Philosophie, welche den Rahmen des universalen Wissenskanons setzt. Mit der Lehrüberlieferung der antiken Wissenschaften übernahmen die Araber die alte Definition der Philosophie als 'Wissenschaft der Wissenschaften'.[3] Wie die Wissenschaften insgesamt, so erhielt auch die Philosophie in Staat und Gesellschaft des Islams neue Aufgaben, und sie wurde vor neue Probleme gestellt; doch stets bewahrte sie das von den Alten vorgegebene Ziel als ihre höchste Aufgabe: das Streben nach absoluter Wahrheit – nach der Erkenntnis des Guten – ist das einige Ziel rationaler Wissenschaft.

Lehre, Lehrplan und Lehrstoff der arabischen Wissenschaften knüpfen an die Lehrüberlieferung der Spätantike an. Ich möchte mit Ihnen daher zunächst einen Blick auf die Voraussetzungen und die Perioden der arabischen Wissenschaftsrezeption werfen. Ich möchte Ihnen alsdann vorstellen, wie die Aufgabe der Philosophie im Islam von einem der Pioniere der arabischen Wissenschaften als eine eigene begriffen und formuliert wurde. Wir werden dabei zu betrachten haben, welche besonderen Züge der arabische Aristoteles trägt und in welcher besonderen Weise die arabischen Texte unter seinem Namen der Begründung einer islamischen Philosophie und Wissenschaftslehre dienstbar zu machen waren. Wir werden endlich sehen, wie diese 'Wissenschaft der Wissenschaften' in spannungsreicher Debatte mit der islamischen Gesellschaft ihren Platz suchte und fand.

1

Das Wachstum der arabisch-islamischen Kultur ist eingebettet in die alte Zivilisation der im Laufe des 7. Jahrhunderts von den Arabern eroberten Reiche: In der Begegnung mit Christentum, Judentum und den Religionen des sasanidischen Iran wird die islamische Theologie formuliert; das islamische Staatswesen wird durch die politischen und sozialen Strukturen Vorderasiens mitgeformt; und mit der sprachlichen und geistigen Aneignung der hellenistischen Philosophie und Wissenschaft entsteht nach dem Wort Werner Jaegers "die erste grosse internationale Wissenschaftsepoche, die die Welt gesehen hat".[4] Nicht von aussen, in einen isolierten islamisch-arabischen Bereich wird das antike Erbe hineingetragen, sondern das neue Reich wächst auf dem Boden der alten Kultur; nicht Renaissance vergessener und verschütteter Quellen, sondern kontinuierliche, wenngleich verarmte und erstarrte Lehrüberlieferung führt hin zur neuen Blüte des alten Wissenschaftserbes. Sobald die kriegerische Auseinandersetzung der Araber mit ihrer Umwelt zu Ende gegangen war, setzte die geistige Auseinandersetzung ein. Recht und Staatsverfassung des byzantinischen – wie auch des sasanidischen – Staates mussten als Basis neuer Ordnungen dienen; Medizin, Astronomie und die anderen Naturwissenschaften der Griechen erwiesen ihren praktischen Wert für die Erfordernisse des Alltags. Wir müssen mit einem regen Austausch schon in einer Zeit rechnen, als dieser noch nicht durch arabische Übersetzungen literarisch bezeugt ist. Schon im Laufe des zweiten islamischen (des 8. nachchristlichen) Jahrhunderts werden die Gegenstände und Begriffe der hellenistischen Wissenschaften bei den Arabern heimisch, und mit ihnen öffnet der Rationalismus der Griechen neue Tore der wissenschaftlichen Betrachtung.

Auch die Methoden, Begriffe und Terminologie der entstehenden islamischen Disziplinen werden durch die Auseinandersetzung mit der hellenisierten Umwelt beeinflusst: das Ergebnis eines lebendigen Dialogs.

Auch Elemente der 'Wissenschaften der Alten' im engeren Sinne werden schon vor Beginn der schulmässigen, von umfangreicher Übersetzungstätigkeit begleiteten Rezeption aufgenommen. Zunächst war es die populärwissenschaftliche und parawissenschaftliche Unterströmung des hellenistischen Milieus, die auch in arabischer Sprache Ausdruck fand – Kenntnisse und Fertigkeiten aus Mechanik, Rechenkunst, Zeitmessung, Agrikultur und Geographie, medizinische, astrologische und okkulte Praxis, die 'hermetische' Vulgärüberlieferung philosophischen Gutes, die populäre Ethik der sententiösen Weisheitsliteratur. Es ist bezeichnend, dass aus diesen Bereichen die ersten arabischen Übersetzungen bezeugt sind, auch, dass es sich dabei weitgehend um apokryphe und pseudepigraphe Texte handelt. Diese weckten ihrerseits eine gesteigerte Empfänglichkeit für das wissenschaftliche Schrifttum im engeren Sinne: Ärzte und Baumeister, Geometer und Sterndeuter fanden in den Lehrbüchern der Griechen eine unerhörte Genauigkeit der Methoden und Vollständigkeit der Daten; und die Satzungen des offenbarten Gesetzes selbst forderten für die Beobachtung von Gebetsrichtung, Gebetszeiten und Mondkalender des Islams die Anwendung des hier verfügbaren Wissens. Die Übersetzung der griechischen Lehrschriften ins Arabische war die natürliche Fortsetzung dieses Prozesses. Schon längst war nicht mehr das Griechische die Hauptsprache des vorderasiatischen Hellenismus; auch in den Städten war es von den Volkssprachen des Orients, vom Syrisch-Aramäischen der Christen vor allem, abgelöst worden, und in Iran schrieb man Persisch, das 'Mittelpersische' des Sasanidenreiches. Je weiter das Arabische vordrang, die Reichssprache des Islams von Anbeginn und auch für die nichtarabische Elite der Schlüssel zur Emanzipation, desto weiter ging die Kenntnis des Griechischen, dann auch der einheimischen Volkssprachen zurück, desto wichtiger wurden neben den syrischen und persischen Übersetzungen der Lehr- und Handbücher deren arabische Versionen. Aber die sprachliche Situation war nur die eine Voraussetzung der Übersetzungstätigkeit.

Erst als mit dem sozialen Aufstieg der nichtarabischen Muslime und mit der Vermischung und Assimilation von Arabern und Nichtarabern das Ansehen des alten Kulturerbes wächst, als mit der Einsicht, dass sich der Islam dieser Bildung bemächtigen müsse, um selbst bestehen zu können, schliesslich auch das Bedürfnis nach dessen Nutzbarmachung und Fortbildung aufkommt, und als diese Bestrebungen durch die Autokraten und Notabeln des abbasidischen Staates aktive und grosszügige Förderung erfahren – erst dann, seit der Mitte des zweiten islamischen (dem Ende des achten nachchristlichen) Jahrhunderts erwächst aus der Lehrüberlieferung der spätantiken Schulen eine arabische Wissenschaftstradition.

Es ist hier nicht die Gelegenheit, die Geschichte der arabischen Übersetzungen aus dem Griechischen im einzelnen darzustellen[5]. Wir haben nicht nur zahlreiche Anekdoten, sondern auch eine Fülle nüchterner Fakten, welche die hohe praktische und wirtschaftliche Bedeutung dieser Aktivität belegen. Astrologen und Ärzte waren ihre Pioniere; ihren professionellen Interessen, und durch sie den leiblichen und politischen Interessen der Fürsten und Notabeln des Reiches, diente die angewandte Wissenschaft der übersetzten Texte, vergleichbar dem Wissenschafts- und Technologie-Transfer aus Amerika oder Japan in unseren Tagen – hochbezahlte Spitzenforschung, für welche die Kalifen und ihre Wesire einträgliche Pfründen aussetzten. Der Gründer der abbasidischen Hauptstadt Bagdad, der Kalif al-Manṣūr, liess sich von Fachleuten der persischen Astrologie die Auspizien der Gründung bestimmen und holte syrische Ärzte aus dem südpersischen Gondeschapur als Chefärzte an sein Krankenhaus[6]. Im Dienste solcher Spezialisten entstehen die ersten Fachübersetzungen. Der Vater des Ma'mūn, Harun ar-Rašīd, gründete eine wissenschaftliche Bibliothek; al-Ma'mūn baute sie aus zum 'Haus der Wissenschaft', in dem ein ganzer Stab von Übersetzern wirkte. Die Leitung hatten Astronomen, die als Astrologen den Herrscher berieten, die aber die Parameter ihrer Berechnungen auf eine neue Basis stellten, neben der persischen Überlieferung der griechischen Astronomie das Grundwerk des Ptolemaios, den *Almagest*, übersetzen und mehrfach revidieren liessen und durch neue Beobachtungen und Messungen verifizierten[7]. Die Mathematiker verfeinerten die Methoden der Berechnung, suchten auch hierzu neue Quellen: Die Gebrüder Banū Mūsā rüsteten zur Suche nach Handschriften Expeditionen nach Byzanz aus und alimentierten aus ihrem beträchtlichen, im Fürstendienst erworbenen Vermögen eine Gruppe von Übersetzern, denen sie monatlich an die 500 Dinar "für Übersetzung und Assiduität" bezahlten – eine fürstliche Pfründe[8]. Die Ärzte liessen sich alle erreichbaren Schriften des Hippokrates und des Galen übertragen; in ihrem Kreise, aber auch im Dienste der Banū Mūsā, finden wir den bedeutendsten Übersetzer des Jahrhunderts, den Nestorianer Ḥunain ibn Isḥāq, der seine Arbeiten in Gold aufwiegen lassen konnte, sie daher in markanter Lapidarschrift und weiten Zeilen auf dickes Papier schreiben liess[9].

Galen hatte darüber gehandelt, dass der gute Arzt auch Philosoph sein müsse, hatte selbst ein Lehrbuch der Logik verfasst; Ḥunain berichtete, dass er auf der Suche nach einem vollständigen Exemplar die Länder von ganz Mesopotamien, Syrien und Palästina bis nach Alexandria in Ägypten bereist habe. Von Beginn an hatte die Logik, hatten Kategorienlehre und Syllogismus des Aristoteles die Rezeption der Wissenschaften als Methodenlehre begleitet. Das erste arabische Kompendium des *Organon* wurde schon im 8. Jahrhundert aus einer persischen Quelle adaptiert. Die Astronomen hatten für alle praktischen Zwecke das Himmelsmodell des Aristoteles aufgegeben; Ptolemaios hatte die Gestirnsbewegungen des geozentrischen Weltbildes klarer gedeutet und vor allem mathematisch verifizierbar gemacht. Gleichwohl blieb auch ihnen die Physik des Aristoteles, seine Theorie der himmlischen und irdischen Substanzen und Prozesse, unentbehrlich. Aber nicht nur die philosophische Bildung des Arztes Galen und die naturwissenschaftliche Kompetenz des Philosophen Aristoteles gewährte der Philosophie Eingang in den wachsenden Wissenskanon arabischer Sprache aus griechischen Quellen. Im Dienste des Kalifen Mu'taṣim, Nachfolgers des Ma'mūn, finden wir den Mann, den man den 'Philosophen der Araber' nannte, al-Kindī, zwischen all den iranischen Astrologen und den christlichen Ärzten, Aramäern aus dem byzantinischen Westen und dem sasanidischen Osten, die ja vor allem die zweisprachige Truppe der Übersetzer stellten, ein Araber aus dem alten Beduinengeschlecht der Kinda[10]. Auch er war Auftraggeber und sachverständiger Mitarbeiter eines Kreises von Übersetzern

– eines so geschlossenen und engagierten Kreises, dass aus ihren und ihres Meisters Texten die erste kohärente Terminologie und Fachsprache der arabischen Philosophie erkennbar wird.

Al-Kindīs eigenes Œuvre stellt in Umfang und Breite alle seine Zeitgenossen in den Schatten, spiegelt in zahllosen Schriften über alle Bereiche des Wissens, von Naturlehre und Naturphilosophie über Astronomie und Astrologie bis zu Optik, Harmonielehre und Medizin, die umfassende Neugier der Rezeptionsperiode. Erstmals aber steht die Philosophie im Vordergrund und gibt als *scientia scientiarum* den wissenschaftlichen Studien Orientierung und letztes Ziel; erstmals wird das Werk der Philosophie, das Werk der rationalen Wissenschaften überhaupt, als Dienst am islamischen Bekenntnis gerechtfertigt.

2

Welche Philosophie? Ihre Basistexte stehen unter dem Namen des Aristoteles; Aristoteles nannten die Araber den 'Ersten Lehrer' der Philosophie und reinen Wissenschaft[11]. Aber es ist nicht ein voraussetzungsloser, im Strandgut antiker Bildung wiederentdeckter Aristoteles; es ist Aristoteles nach der Interpretation und Lehre der platonischen Akademie von Athen. Plotin hatte im zweiten Jahrhundert nach Christus lange Bemühungen um Harmonie zwischen Platon und seinem grössten Schüler und Kritiker mit seiner Erneuerung der platonischen Philosophie gekrönt; die Generationen seiner Nachfolger und Schulhäupter, beginnend mit Porphyrios und Proklos, hatten die Vision des Meisters zum scholastischen System des Neuplatonismus ausgearbeitet. Im Jahre 529 erliess der christliche Kaiser Justinian ein Lehrverbot für die heidnischen Philosophen der Akademie; im selben Jahre verfasste der Alexandriner Johannes Philoponos seine Schrift gegen Proklos, welche die christliche Schöpfungslehre gegen die Lehre von der Anfangslosigkeit der Welt verteidigte. Hinfort blieb die Schule von Alexandria, schon unter dem Proklos-Schüler Ammonios der wichtigste Spross der athenischen Akademie, die bedeutendste Pflegestätte der Wissenschaften. Nicht nur die Philosophie, sondern auch die anderen Disziplinen wurden seit jeher in Alexandria gepflegt, und es ist dieser Zyklus der Wissenschaften – der in der Spätantike ausgewählte Kanon der Autoritäten und Basistexte und die traditionelle Form der Vermittlung in Kommentaren und Kompendien –, der an die Araber gelangte.

Der Lehrplan der Schule[12] begann nach einer allgemeinen Einleitung über Definition, Zweck und Einteilung der Philosophie mit Porphyrs *Isagoge* – Einleitung in die Kategorien – und fuhr fort mit aristotelischer Logik. Die Ethik, die Propädeutik der Philosophen, trat zurück, ging später nur noch als sittliche Vorbereitung dem Studium voraus. Es folgte die Mathematik mit den Disziplinen des Quadriviums: Geometrie, Arithmetik, Musiktheorie, Astronomie nebst Astrologie. Die Oberstufe las die aristotelische Theologie der *Metaphysica;* den Abschluss endlich bildete die Philosophie Platons. Die christliche Obrigkeit erwirkte keine Reform, zunächst auch keine Reduktion des Lehrprogramms der Schule. Freilich erzwang die Gesellschaft eine Abkehr vom militant antichristlichen Platonismus der Athener; das Insistieren auf der Einheit der philosophischen Wahrheit, auf der Harmonie der platonischen mit der aristotelischen Lehre (vor allem in der Frage der Schöpfung) ist Ausdruck einer Kompromisshaltung, welche die Philosophie als wissenschaftliche Interpretation der monotheistischen Religion, wenn nicht propagiert, so doch verfügbar macht. Der Angriff des Johannes Philiponos auf die heidnische Kosmologie, die 'Entgötterung des Himmels' und seine Revision der aristotelischen Physik, Signale einer wissenschaftlichen Revolution, blieben ohne unmittelbare Folgen für Curriculum und Lektürekanon. Aber nach dem Ende des 6. Jahrhunderts trat das Platonstudium zurück; allein Aristoteles blieb auch den christlichen Scholae unbestrittener Lehrer der Logik, Garant des kohärenten Weltbildes und Hermeneut der anerkannten Paradigmata des rationalen Diskurses.

Die Schule von Alexandria hat dortselbst nicht bis zur arabischen Eroberung überlebt[13]. Aber ihre Überlieferung blieb in griechischer Sprache in Byzanz, in syrisch-aramäischer Sprache bei den christlichen Gelehrten des Ostens wenn nicht lebendig, so doch bewahrt. Al-Kindī konnte darauf zurückgreifen und nach den Anwendungswissenschaften des alten Studiengangs die reine Wissenschaft, die Theorie und Teleologie absoluter Wahrheitserkenntnis, restituieren. Hier wie dort blieb ein neuplatonisch interpretierter Aristoteles die Autorität allen Philosophierens: ein Aristoteles, der die Unsterblichkeit der Seele vertrat, dessen Erster Beweger zugleich Erster Intellekt, zugleich aber auch Erste Ursache alles Seienden war. Aber nicht allein die Umdeutung der authentischen Aristotelesschriften vermochte die Versöhnung des philosophischen und des religiösen Denkens zu leisten. Nein: Der arabische Aristoteles gibt die philosophische Theologie des Neuplatonismus unter seinem Namen.

Unter Aristoteles' Namen fanden al-Kindī und die Übersetzer seines Kreises eine Paraphrase von Texten aus Plotins Enneaden, unter dem Titel einer 'Theologie des Aristoteles', nach Angabe des Überlieferers 'kommentiert von Porphyrios'. Porphyr ist wohl auch mit dem 'griechischen Meister' gemeint, der als Autor einiger weiterer Plotintexte genannt wird[15]. In der Tat ist die harmonisierende Tendenz eklatant; und die Pedanterie der *Isagoge* (die Lehre von den *quinque voces:* Genus, Species, Differenz, Proprium und Akzidens) hatte den Porphyrios bekannter gemacht als seinen Lehrer Plotin. Plotins mystische Vision von der intelligiblen Welt, vom Ausströmen des absolut Guten und Einen in der Differenz von Sein, Denken und Leben, von der Erlösung der Vernunft aus der Körperbindung der Seele und der Rückkehr zu ihrem geistigen Ursprung – all dies kommt nun als trockene Schulmeisterei daher. Aristoteles, auch sein peripatetischer Kommentator Alexander, fungieren sodann als Autoren der 'Einführung in die Theologie', in der Proklos die neuplatonische Lehre systematisiert und differenziert hatte. Das 'Buch vom Reinen Guten' – von der Ersten Ursache und den in sich selbst die Welt denkenden Ursachen der Geistsphären, der *Liber de Causis* der Lateiner – ist der berühmteste Text der arabischen Proklos-Überlieferung unter Aristoteles' Namen, der freilich andere, enger am griechischen Text orientierte Versionen voraussetzt[16]. Anonym also und pseudonym, unter peripatetischer Flagge, entfaltet die Lehre Plotins ihre dauerhafteste Wirksamkeit, von den arabischen Überlieferern bis ins lateinische Mittelalter getragen. Freilich nicht aus authentischem Text und unvermischter Lehre: Schon in der Spätphase griechischer und syrischer Überlieferung in christlichem Milieu bereiteten Modifikationen und Zusätze einem kreationistischen und monotheistischen Verständnis der neuplatonischen Texte den Weg. Die Erste Ursache steht nicht über Sein und Intellekt, sondern ist selbst reines Sein und Schöpfergeist; die Bearbeiter eliminieren die Mehrzahl 'göttlicher' Henaden. Der Proklos-Bearbeiter unterscheidet mit Johannes Philoponos das Schaffen der Natur – Umwandlung bestehender Substanzen – von Gottes Schöpferakt, *creatio ex nihilo.* Die Kosmologie von Platons *Timaeus* – manche hatten die Schöpfung des Demiurgen als Schöpfung in der Zeit gelesen[17] – erscheint in Harmonie mit Aristoteles' Unbewegtem Beweger der ewigen Welt und mit dem Schöpfergott der Religion. Spätere Philosophen des Islams verwarfen den Kompromiss mit der Schöpfungslehre und entschieden sich für die Einheit des Weltbildes auf der Grundlage der aristotelischen Physik: für die *creatio ex aeterno.* Aber auch für die Folgezeit gilt: Der arabische Aristoteles bot eine Synthese neuplatonischer und peripatetischer Theologie, in der das Eine zugleich sich selbst denkender Intellekt, der Unbewegte Beweger zugleich Wirkursache der Schöpfung ist[18].

Unter dieser Voraussetzung blieb die Natur-, Bewegungs- und Elementenlehre der Peripatetiker einigungsfähig mit dem Theismus des Islams. Nicht nur die unechten Schriften unter Aristoteles' Namen, sondern auch seine authentischen Werke liess al-Kindī für sich übertragen: sein Buch über den Himmel, das die Lehre von der *quinta essentia,* vom fünften Himmelselement, von den ewig-kreisförmigen Himmelsbewegungen und von den Bewegungen der vier Elemente unter dem Monde enthielt[19], auch das Buch von den Meteora, von den sublunaren Himmelserscheinungen[20], und vor allem seine Metaphysik[21]; es ist vielleicht bezeichnend, dass eine vollständige Handschrift dieses aristotelischen Hauptwerks nicht mehr aufzutreiben war. Das Buch über die Seele fand er in einer alexandrinischen Paraphrase, welche die Unsterblichkeitslehre in Aristoteles' Text hineinliest[22]; Platons Lehre von der Wiedererinnerung der Seele an ihre Präexistenz in der intelligiblen Welt bezog er vielleicht aus einem arabischen Porphyrtext als willkommenes Argument für den Rang reiner Wissenschaft[23].

3

Bei aller Diversität seiner vielfältigen Interessen, bei allem Mangel an systematischer Ordnung der Themen und Ansätze weisen die Übersetzungen unter der Ägide des Kindī auf ein Programm: Die Philosophie zeigt den Weg und das Ziel der Wissenschaften in einer islamischen Gesellschaft; und sie gewährt ihnen Geleitschutz, als die Anmassungen des Rationalismus ins Kreuzfeuer theologischer Kontroversen geraten. Die Rezeption des antiken Weltbildes durch die städtische Hochkultur des Islams gab den Einzelfächern zahlreiche Impulse durch neue Aufgaben und Anwendungen; dem Muslim, der seinen Glauben so ernst nahm wie seine Wissenschaft, musste sich indessen die Frage stellen, ob dieses Tun durch die Pflichtenlehre des offenbarten Gesetzes gerechtfertigt war. Inwieweit war die Gottesgabe der Vernunft dem gottwohlgefälligen Handeln verfügbar? Konflikte bahnten sich an, als der Rationalismus der spekulativen Dogmatik, obzwar in der Abwehr der geistigen Gegner des Islams bewährt, vom apodiktischen Traditionismus der Rechtslehrer als Quelle von Spaltung und Häresie angeklagt wurde, und er geriet vollends in Verruf, als der Kalif al-Ma'mūn in seinen letzten Jahren solche rationalistische Theologie mit der Anmassung charismatischen Herrschertums durch Inquisition und Repressalien durchzusetzen suchte. Die Konflikte verschärften sich, als der Traditionismus der Juristen seit der Mitte des 9. Jahrhunderts politischen Einfluss auf das zusehends geschwächte Kalifat gewann. Al-Kindī erlebte diese Stürme auf der Seite der immer schärfer angegriffenen Wissenschaften und trat als deren Anwalt auf. Einerseits legitimiert seine Philosophie die Wissenschaften, indem sie ihre Widerspruchsfreiheit mit dem islamischen Bekenntnis demonstriert: al-Kindī zeigt dies in seiner Schrift über die Erste Philosophie, welche in einer breitangelegten, strengen Deduktion die absolute Einheit der Ersten Ursache begründet – direkt oder indirekt der platonischen Theologie des Proklos verpflichtet[24]; er lässt also durch die Philosophie den Monotheismus, das fundamentale Bekenntnis des Islams – Es gibt keinen Gott ausser *dem* Gott, *Allāh* – gegen die Anfechtung des Dualismus verteidigen. Mit den Begriffen des christlichen Neuplatonismus aus Johannes Philoponos und aus den ihm vorliegenden Bearbeitungen der neuplatonischen Texte beschreibt er diese Erste Ursache als Schöpfergott, Schöpfer der aus nichts und in der Zeit erschaffenen Welt. Er zeigt dies aber auch, indem er die Grenzen menschlicher Ratio aufzeigt: Der Philosoph mag sich bemühen, die "verborgenen, wesentlichen Dinge" zu erkennen, sein Wissen und seinen Fleiss daransetzen – es wird ihm nicht gelingen, die Wahrheit "so konzis und klar, so direkt und erschöpfend" zu fassen, wie es der Prophet in der Schrift getan hat; nur die Offenbarung des Propheten kann diese Wahrheit aller Welt vermitteln. Es ist bemerkenswert, dass diese Sätze in einer Abhandlung des Kindī zur Einführung in die Werke des Aristoteles stehen, und es ist bezeichnend, dass die Harmonie von Offenbarung und Philosophie mit einer Fülle von Koranzitaten belegt wird[25].

Vor diesem Hintergrund kann andererseits al-Kindīs Philosophie die rationale Wissenschaft als das höchste Ziel menschlichen Handelns – als reine Aktivität des rationalen Seelenteils – bestimmen: Askese von der Befriedigung der animalischen Triebe, Reinigung der Seele von den Trübungen der Affekte ermöglichen die Ablösung der intellektiven Form vom materiellen Substrat der Seele, endlich deren Aufstieg zur intelligiblen Welt in glückseliger Kontemplation:

> "Wenn sie sich löst und von diesem Körper trennt und in die Welt des Intellekts über der (Mond-)Sphäre gelangt, so gelangt sie in das Licht des Schöpfers und sieht den Schöpfer; alsdann kommt sie seinem Lichte gleich und ist erhöht in seiner Herrlichkeit. Es wird ihr enthüllt das Wissen jedes Dinges, und alle Dinge werden ihr offenbar wie sie dem Schöpfer offenbar sind. Denn solange wir noch in dieser unreinen Welt sind, sehen wir wohl viele Dinge im Licht der Sonne; wie wird es erst sein, wenn unsere Seelen sich ablösen, in der Welt der Ewigkeit aufgehen und im Licht des Schöpfers schauen!"[26]

Die *visio beatifica* ist der Lohn der Philosophie. Der Weg des erkennenden Geistes führt von der Vielfalt der Sinnenwelt unter der Wirkung des Ersten Intellekts zur Erkenntnis der Universalien in Species und Genus, zu den unveränderlichen Verhältnissen der Mathematik, endlich zu den einfachen, intelligiblen Prinzipien des Kosmos. Das systematische Studium der Wissenschaften folgt dieser Leitlinie: Wie schon in Alexandria, bildet auch in der Wissenschaftslehre des Kindi das Quadrivium der mathematischen Disziplinen das Mittelstück zwischen Naturlehre auf der einen, Metaphysik und Theologie auf der anderen Seite; und wie schon Geminos und Proklos in ihren Euklid-Kommentaren, begründet auch er den Aufbau des Lehrkanons als fortschreitende Abstraktion von der Mannigfaltigkeit materieller Erscheinungen bis zum Allgemeinen der Prinzipien[27]. Aber nur ein Mensch, der die intellektive Form seiner Seele von ihrer Materie, von den Trübungen der Sinne und den Anfechtungen der Triebe löst, kann ans Ende dieses Weges gelangen. Also verkündet die Philosophie die Suche nach absoluter Wahrheit auch als höchstes Ziel menschlichen Handelns, als Maxime universaler Ethik.

Al-Kindī heisst der 'Philosoph der Araber', weil er die Enzyklopädie der Verstandeswissenschaften in arabischer Sprache begründet und weil seine Philosophie deren Platz in der Staatsgemeinde des Islams rechtfertigt. Auch Avicennas enzyklopädisches Gebäude der Wissenschaften steht noch in seiner Schuld, auch die grossen Astronomen der Mongolenzeit stellen als getreue Schüler dieser Lehre ihre Wissenschaft in den Kontext der Philosophie. Aber noch war die Frage nicht entschieden, wie die Stellung der Philosophie gegenüber der Glaubens- und Pflichtenlehre des offenbarten Gesetzes, der rationalen gegenüber der religiösen Erkenntnis zu bestimmen war. Schon vor der Blüte der hellenistischen Wissenschaftsrezeption hatten sich islamische Disziplinen gebildet und konsolidiert: eine arabische Grammatik, welche die Sprache des Gottesworts erklärte und ihren Gebrauch rein erhielt, eine Traditionswissenschaft, welche Weisung und Vorbild des Propheten Muḥammad überlieferte, und eine Rechtswissenschaft, welche die Pflichtenlehre des offenbarten Gesetzes, die Scharia, nach den Quellen – Koran und Prophetentradition – in strengem Analogieschluss auslegte. Nicht alle Philosophen haben sich in der gläubigen Hinnahme der Offenbarung bescheiden wollen; nicht allen, so wenig wie den Theologen, blieb die Schrift ohne Anstoss zu Zweifel und Aporie; die wenigsten schliesslich konnten die eklatanten Widersprüche zwischen der philosophischen Tradition und der religiösen Botschaft ignorieren.

Das geistige Klima blieb dem Rationalismus in Theologie und Philosophie nicht so günstig wie zur Zeit des Ma'mūn. Angesichts des Rückgangs von Macht und Autorität des Kalifats seit der zweiten Hälfte des 9. Jahrhunderts, zentrifugalen Bewegungen in den Provinzen, religiöser und sozialer Virulenz im Innern proklamierten die politischen Institutionen die völlige Islamisierung des öffentlichen Lebens, um die Einheit der Staatsgemeinde zu bewahren. Gegen rationalistische Spekulation über das Dogma, gegen freies Räsonnement im Recht stellte man die kodifizierte Sunna, den normgebenden 'Brauch' des Urislams: Nächst der Heiligen Schrift des Korans sollte allein die als authentisch erachtete Tradition des Propheten gelten. Gegenüber der philosophischen Logik, deren Lehrer um die Wende zum 10. Jahrhundert das gesamte *Organon* des Aristoteles wiedergewinnen und selbstbewusst als hohe Schule des Denkens propagieren, erwidern die Grammatiker, dass richtiges Denken und richtiges Sprechen unauflöslich verbunden seien[28]. Gegen den Dünkel absoluter Wahrheitserkenntnis ist der Vorwurf der Ketzerei schnell bei der Hand. In der Tat konnte die geistige Unabhängigkeit des Forschers mit dem Glauben in Konflikt geraten. Der grosse Arzt ar-Rāzī forderte unbedingtes Streben nach Erkenntnis, welches auch vor der Offenbarung nicht stillsteht, und in einer Schrift über die 'Schwindeleien der Propheten' scheint er die Religion in drastischer Weise abgewertet zu haben. Zwar war er in seiner Zielsetzung für den denkenden Geist – Läuterung der Seele durch die Suche nach Wahrheit – dem Kindī verwandt; doch sah er im universalen Gegenstand der Metaphysik eine objektive Grundlegung auch der Ethik, welche die Beschränkungen der Scharia (des offenbarten Gesetzes) aufhebt[29].

4

Der Schritt zu einer eigentlich islamischen Philosophie war also noch zu tun: zu einer Philosophie, welche die islamischen Disziplinen nicht ignorierte, sondern die bislang getrennten Lehrtraditionen zusammenschloss, welche Offenbarung und Prophetie nicht ausklammerte, sondern in eine umfassende Theorie des Kosmos und der Erkenntnis einbezog. Der arabische Aristoteles – also die Gesamtheit der arabisch übersetzten und interpretierten, peripatetischen und neuplatonischen Schriften unter seinem Namen – bot auch hierzu die Begriffe und Paradigmen. Der erste, der diesen Schritt unternahm und der damit islamische Philosophie eigentlich begründete, war al-Fārābī, der Philosoph aus Turkestan, der sein Leben in Iran, in Bagdad und im nordsyrischen Aleppo verbrachte und im Jahre 950 auf dem Wege nach Damaskus umkam[30]. Freilich leistete er dies nicht durch schlichte Übernahme des alten Weltbildes, sondern durch geniale Umdeutung und Synthese. Seine christlichen Lehrer hatten in einer zweiten Phase der Rezeption alle erreichbaren Schriften des Aristoteles und seiner griechischen Kommentatoren nach Bagdad gebracht und z.T. erstmals, z.T. auch erneut ins Arabische übersetzt (darunter die *Analytica Posteriora,* das Hauptstück der Logik); die Philosophie war selbstbewusst aus dem Schatten der angewandten Wissenschaften getreten[31]. Durch extensive Scholienkommentare und einführende Kompendien, vor allem aber durch die Durchdringung und Formulierung der hermeneutischen Grundlagen hat al-Fārābī Aristoteles' Lehre in arabischer Sprache neu gefasst. Seine systematischen Schriften vermitteln einen neuen, am Aristoteles der Analytiken orientierten Begriff der Philosophie als apodeiktischer Wissenschaft. Der Philosoph macht sich bewusst, dass sein Gegenstand das Allgemeine ist, nicht das Einzelne und Faktische, und sei es die singuläre Erfahrung der Heilsgeschichte. Er erkennt im Allgemeinen des Begriffs den Gegenstand, in der Dialektik des Beweises das Werkzeug rationaler Wissenschaft. Daraus erwächst der Philosophie neue Kompetenz. Auch die Theologie wird Feld, auch die Offenbarung wird Objekt der Rationalität, eines Systems aus Prämissen und Deduktionen; sie wird deduzierbar auf Kosten ihrer Singularität: nicht die einzige, sondern eine besondere, der Religions- und Sprachgemeinschaft je-eigene Form der Erkenntnis und Vermittlung der Wahrheit. Aristoteles heisst bei den Arabern der Erste Lehrer der Philosophie; der Zweite Lehrer heisst hinfort Fārābī.

Aus Aristoteles' Schrift über die Seele, aus seiner Metaphysik und aus der Eins- und Geist-Metaphysik der neuplatonischen Interpreten nahm al-Fārābī seine monotheistische Kosmologie und Erkenntnislehre[32]. Getreuer als al-Kindī bewahrt er die alte Lehre von der Ewigkeit der Welt, die nicht in zeitlicher, sondern in ewiger Schöpfung am Sich-Selbst-Denken der Ersten Ursache hängt; die Kritik des Philoponos hat er ausdrücklich verworfen[33]. Das platonische Ziel der Philosophie, die Erkenntnis des Guten, wird im Stufenbau des Kosmos verdinglicht: Die Erste Ursache ist das eine und wahre Gute, unbewegter Beweger der sich selbst und in sich ihre Ursache denkenden Sphärenintellekte. Der letzten, der Mond-Sphäre zugeordnet wird der Aktive Intellekt, der die intelligiblen Formen aus der Emanation des göttlichen Geistes an die Welt unter dem Monde, die Welt des Werdens und Vergehens, vermittelt. Hier griff al-Fārābī auf eine berühmte und lange umstrittene Passage in Aristoteles' Buch über die Seele zurück: die allzu kurzen, stichwortartigen Bemerkungen über den "abgetrennten Geist, der leidenslos ist und unvermischt und seinem Wesen nach Wirklichkeit", der "erst wenn er abgetrennt, das ist, was er wirklich ist – und nur dieses ist unsterblich und ewig" (*De anima* III 5: 430a 17-18, 22-23). War jener tätige Geist eine aktive Wesenheit in der Seele jedes einzelnen Menschen selbst, nach der Trennung von der Passivität der Materie unsterblich und ewig? Dann wäre Aristoteles ein Kronzeuge für die Unsterblichkeit der Seele; manche wollten ihn so verstehen. Aber andere – die Peripatetiker – identifizierten ihn mit dem sich selbst denkenden Ersten Beweger, nannten die menschliche Vernunft nur sein Werkzeug. Die Neuplatoniker wiesen ihm als dem Ersten Intellekt, dem ersten Produkt des transzendenten Einen, die Rolle des Demiurgen, des göttlichen Werkmeisters, zu, erst in letzter Vermittlung durch die Geistsphären des Kosmos auch für das menschliche Denken das oberste, erleuchtende Prinzip. Al-Fārābī endlich unterscheidet – vielleicht nach einem späthellenistischen Vorgänger – den *intellectus agens* vom ersten, göttlichen Geist, setzt ihn an die Schnittstelle zwischen geistiger und sinnlicher Welt und gewinnt aus diesem Modell seine Theorie der Offenbarung und der Prophetie[34]. Die Poetik und die Rhetorik des Aristoteles – beide als Teile des *Organon* auch dann noch überliefert, als die Gegenstände der antiken Dichtung und Redekunst verschollen waren – lieferten ihm die Begriffe der Abbildung, Nachahmung und Überredung für eine Theorie der religiösen Sprache[35]. Und endlich bezog er aus Platons Buch vom Staat die Grundlegung eines islamischen Idealstaats: eines Staates, dessen erster Gesetzgeber zugleich vollkommener Philosoph und Prophet wäre.

In der Spätantike war Platons 'Staat' nur noch kursorisch studiert worden: die Neuplatoniker kommentierten den Mythos des X. Buches, aber das Paradigma der idealen Polis konnte vor der gewandelten politischen Realität – der polyethnischen Gesellschaft des Römischen Reiches und seiner Nachfolgestaaten – nicht mehr interessieren. Der christliche Staat schloss die alte Philosophie aus den öffentlichen Institutionen aus; nach der Schliessung der Akademie durch Justinian (529) handelte Simplikios in seinem Kommentar zu Epiktets 'Handbüchlein' der Ethik über den Rückzug der Philosophen aus "korrupten Staaten".[36] Die Wiederentdeckung des platonischen Werkes unter dem Islam als Handlungsanweisung zur Erneuerung des theokratischen Staates in dunkler Zeit ist eines der bemerkenswertesten Kapitel in der Geschichte der Philosophie.

Vor dem düsteren politischen Hintergrund des beginnenden 10. Jahrhunderts – die Ohnmacht des Kalifats in den Provinzen und im Innern, die Wirrungen des Bürgerkriegs, dann die Besetzung Bagdads durch die iranische Militärdynastie der Būyiden – formulierte al-Fārābī in einem Resümee von Platons *Respublica* das Ziel der politischen Philosophie als Reform des existierenden Staates: "Er erkannte" – so referiert er Platon –, "dass man einen neuen Staat, anders als den bestehenden, gründen müsse, in dem die wahre Gerechtigkeit und die wahren Güter Bestand hätten, und darinnen seinen Bewohnern nichts fehlte, um damit das Glück zu erlangen. Sollte dies aber in der Tat gelingen, so müsse die königliche Kunst in ihm unbedingt die Philosophie sein, und die Philosophen müssten in ihr den höchsten Rang einnehmen, gefolgt von den anderen Klassen."[37] Al-Fārābīs *Summa* der Philosophie behandelt 'Die Prinzipien der Ansichten der Bewohner des idealen Staates'[38] – ohne Kenntnis der universalen Seinsordnung kann das Gemeinwesen nicht Bestand haben. In absoluter Reinheit sind diese Prinzipien allein dem Philosophen zugänglich; allen anderen Mitgliedern des Staates werden sie durch die Symbole der jeweiligen Religions- und Sprachgemeinschaft nahegebracht:

> "Diese Dinge lassen sich auf zweierlei Weise erkennen: Entweder prägen sie sich den Seelen der Menschen ein, wie sie wirklich sind, oder aber durch Analogie und Repräsentation, dergestalt, dass sich in ihren Seelen Gleichnisse einstellen, welche jene nachahmen. Die Philosophen des Staates sind diejenigen, welche diese Dinge durch Beweise und eigene Einsicht erkennen; andere, die den Philosophen nahestehen, erkennen sie, wie sie wirklich sind, indem sie den Philosophen folgen, ihnen zustimmen und vertrauen. Die übrigen aber erkennen sie durch Gleichnisse, welche jene nachahmen, weil es ihnen weder von Natur noch durch Gewöhnung vergönnt ist, sie so zu erfassen, wie sie eigentlich sind. Beides sind Weisen der Erkenntnis; freilich ist die Philosophie höher im Rang. Die Erkenntnis durch nachahmende Gleichnisse ist bei den einen vermittelt durch Gleichnisse, welche den eigentlichen Dingen nahe sind, bei anderen durch solche, die ein wenig ferner sind, bei wieder anderen durch weiter entfernte, bei anderen durch sehr entfernte. Die Repräsentation erfolgt für jede Nation und die Bewohner jedes Staates durch die Gleichnisse, die bei ihnen am besten bekannt sind; und was am besten bekannt ist, mag sich bei den einen Nationen in den meisten Momenten, bei anderen in einigen davon unterscheiden. So werden die eigentlichen Dinge für jede Nation durch andere Gleichnisse nachgeahmt als für andere. Daher ist es möglich, dass es vorzügliche Nationen und ideale Staaten gibt, deren Religionen sich unterscheiden, wenngleich sie alle dasselbe Glück und dasselbe Ziel anstreben"[39]

Die Wahrheit ist Philosophie in der Seele des Gesetzgebers, dagegen in den Seelen der Menge Religion, 'Nachahmung' in Gleichnissen; sie zeigt sich der Vorstellungskraft des Propheten – zugleich wahrer Philosoph und erster Gesetzgeber – durch Emanation aus dem göttlichen Geist und durch Vermittlung des Aktiven Intellekts als Symbol und Abbildung. Der Prophet ist der Gesetzgeber des idealen Staates, weil er in der Lage ist, die Wahrheit zu erkennen und in wahrhaften Symbolen zu vermitteln. Das religiöse Symbol dient "zur Unterweisung der Menge über die theoretischen und praktischen Dinge, welche in der Philosophie deduziert wurden, dergestalt dass ihnen deren Verständnis erleichtert wird durch Überredung oder durch Evokation (sc. der entsprechenden Vorstellungen)."[40] Durch den Islam wurde das Abbild der wahren Philosophie in der wahren Religion erstmals in der Geschichte hergestellt; es ist bezeichnend, dass al-Fārābī den Aktiven Intellekt der griechischen Philosophen mit dem "vertrauten Geist" des Korans identifiziert: dem Engel Gabriel, der die Offenbarung zu dem Propheten Muhammad brachte. Ihm ebenbürtige Nachfolger vollenden das Werk des Gesetzgebers; die späteren aber suchen es zu bewahren und schaffen hierfür eine Gesetzeswissenschaft, welche die überlieferten Normen sammelt und auslegt.

In dieser Funktion also, im Dienste der Erhaltung des religiösen Gemeinwesens, treten die Disziplinen der Religionslehre an die Seite der Philosophie. In seinem berühmten 'Katalog der Wissenschaften'[41] bezeichnet al-Fārābī diese Gesetzeslehre mit dem Namen der islamischen Jurisprudenz, und er bezeichnet die Herrschaftsform, die durch die Nachfolge des Ersten Fürsten den Weg der Tugend einhält, als die Herrschaft der Sunna, mit einem Wort also, welches die zentrale Norm – den normgebenden 'Brauch' des Urislams – dieser Jurisprudenz angibt. Die Analogie zwischen den universalen, philosophischen Wissenschaften und den spezifischen Disziplinen der islamischen Tradition wird bis ins Detail ausgearbeitet – zwischen den allgemeinen, die Universalien allen Denkens erfassenden Regeln der Logik und der einzelsprachlichen, konventionellen Grammatik, zwischen theoretischer Philosophie (Metaphysik) und spekulativer Theologie, zwischen praktischer Philosophie (Politik) und juristischer Kasuistik. Jene geben die Grundlagen der Lehren und Gesetze, welche diese im einzelnen zu verfügen haben. Daher ist auch die Pflichtenlehre der Scharia unabdinglicher Bestandteil der Staatskunst. Die 'königliche Kunst' muss einerseits die Prinzipien erkennen, welche den Weg zum wahren Glück durch Lebensweise, Charakter und sittliche Haltung zeigen; sie muss andererseits die rechten Massnahmen im einzelnen aus der Erfahrung ableiten. Die 'unwissende' Herrschaft folgt lediglich der Erfahrung, um ihre Ziele zu erreichen; allein die Tugendherrschaft vereint praktische Weisheit[42] mit der Erkenntnis des höchsten Guts. Daher wird sich der vollkommene Staat nur so lange bewahren lassen, als die Philosophie und die Wissenschaften an der Regierung teilhaben.

Al-Fārābī verweist eindringlich auf das stets notwendige Korrektiv der philosophischen Apodeixis gegenüber der Manipulierbarkeit der religiösen Symbole. Auf striktem Beweis beruhende Erkenntnis ist unumstritten und unangreifbar; aber die Symbole von religiöser Lehre und religiösem Gesetz sind anfällig für Kontroverse (Schisma) und Fehldeutung (Häresie), wenn sie nicht von der höheren Einsicht der Philosophie beschützt werden[43]. "Wenn es dereinst so weit kommt, dass die Philosophie keinen Anteil an der Regierung hat, obzwar alle übrigen Bedingungen (für die Verwirklichung des besten Staates) erfüllt sind, dann bleibt der vollkommene Staat ohne (wahren) Fürsten, der Herrscher, der ihn regiert, wird kein Fürst sein, und der Staat wird dem Verderben nahekommen; und wenn es geschieht, dass es keine Philosophen mehr in der Umgebung des Herrschers gibt, so wird dieser Staat nach einer gewissen Zeit unweigerlich untergehen."[44]

Al-Fārābī expliziert an keiner Stelle die Anwendung seiner Lehre auf den Staat seiner Zeit. Aber wir dürfen annehmen, dass er mit solch scharfen Worten den aktuellen Zustand des Kalifats anklagt. Die Entwicklung in der zweiten Hälfte des 10. Jahrhunderts rechtfertigte seinen Pessimismus. Die islamische Gesellschaft und ihre religiösen Institutionen verweigern dem die Grenzen der Religion überschreitenden Erkenntnisanspruch der Philosophen das Testat der Rechtgläubigkeit. In einer Zeit materieller Bedrohungen und politischen Unheils obsiegte in der Gemeinschaft der Muslime die seit langem offenbare Tendenz, allein das Wort der Schrift, der sanktionierten Tradition und der durch Tradition autorisierten Ausleger gelten zu lassen. Denn es setzte sich die Erkenntnis durch, dass nicht die in Machtkämpfe verstrickten Herrscher – seien es die Kalifen oder die iranischen, dann im 11. Jahrhundert die türkischen Invasoren – die Einheit und den Fortbestand des Gesetzes und damit das Heil der Gläubigen garantieren könnten, sondern allein die Lehrer der Scharia, Bewahrer des Gesetzes nach der Sunna. Auch die Herrscher sprachen nun im Namen der Sunna, um sich Gehör zu verschaffen.

Im Jahre 1018 verdammte ein Dekret des Kalifen al-Qādir alle Methoden und Schulen rationalistischer Auslegung der Schrift als Häresie. Auch das philosophische Weltbild fällt unter dieses Verdikt. Die rationalistischen Wissenschaften erhalten in den Lehrinstitutionen des orthodoxen Islams vorläufig keinen Platz. Zum einen war der universale Anspruch der Philosophie – die Subsumtion der Schöpfungslehre unter das Emanationsmodell, der Prophetie unter die intellektuale Erkenntnis, der gesetzlichen Pragmatik unter die Prinzipien rationaler Ethik – den traditionistischen Rechtslehrern nicht akzeptabel. Zum andern wurde der Missbrauch der Philosophie für die Zwecke politisch-religiöser Propaganda ihrem Ansehen gefährlich: Die 'radikalen' Richtungen der Schia gebrauchten das kosmologische Modell des Neuplatonismus als Ideologie ihres Machtanspruchs, gebrauchten die neuplatonische Lehre der Emanation und Regression, der kosmischen Sympathie und der Ordnung sieben beseelter Himmelssphären als Evidenz für die Erneuerung der Prophetie oder der prophetischen Inspiration durch die sieben erwählten Imame. Eine militante Sekte dieser Richtung, die Ismā'īlīya, eroberte zu Beginn des 10. Jahrhunderts Nordafrika und errichtete im Jahre 969 in Ägypten das Fatimidenkalifat. Diese Ereignisse weckten dezidierte Befürchtungen hinsichtlich der religiösen, moralischen und politischen Implikationen einer Philosophie, welche mehr war als akademischer Zeitvertreib oder elitäre Erbauung: einer Philosophie, die geeignet war, Staat und Gesellschaft von Grund auf zu erschüttern[45].

5

Nicht in den alten Zentren der klassischen islamischen Kultur, sondern in den Kleinstaaten des iranischen Ostens und des andalusischen Westens finden wir die Fortsetzer des Fārābī. Der erste, der seinen Namen wieder mit Respekt nennt, ist Ibn Sīnā, Avicenna[46]. Sein Lebensweg durch die Residenzstädte Ost- und Westirans, immer wieder auf der Flucht über Kriegsfronten, spiegelt die politische Zerrisssenheit des Reiches; erst nach seinem Tode (1037) wird der islamische Osten unter den türkischen Seldschuken nochmals vereinigt.

In seinen Frühschriften knüpft er explizit an das aristotelische, durch die Bagdader Übersetzer und durch das Kommentarwerk des Fārābī vermittelte Erbe an, und in einer mit Pathos formulierten Äusserung bekennt er, dass er auch sein Verständnis der Ersten Philosophie von al-Fārābī bezog: Apodeixis aus Universalien, welche allein Gewissheit begründet[47].

Auch Avicenna spricht, wie sein Vorgänger, im Rahmen seines gewaltigen und enzyklopädischen Œuvres von den Bedingungen rechtmässiger Herrschaft und des idealen Staates im Lichte der Philosophie; freilich tritt dessen Leitgedanke, die Erneuerung der politischen Philosophie als Philosophie des religiösen Gemeinwesens, in den Hintergrund. Zu schnell war der Staat, den al-Fārābī noch im Zerfall beobachtet hatte, vollends zerbrochen; vom diesseitigen Glück in der Gesellschaft richtet sich der Blick auf das Jenseits in der einsamen Kontemplation reiner Erkenntnis. Folgerichtig bleiben die Philosophie und die rationalen Wissenschaften unter sich; die Einheit ihrer Tradition bleibt erhalten, geschlossen, aber zugleich verschlossen gegenüber den Disziplinen der Scharia.

Das grosse Thema in Avicennas Metaphysik[48] – wiederum inspiriert von der als 'Theologie des Aristoteles' überlieferten Philosophie Plotins – ist der Weg der Seele zur Erkenntnis Gottes, des aus sich selbst notwendigen Seins, transzendent, doch immanent in den intelligiblen Formen, welche auf ihren Seinsgrund verweisen. Dieser Weg führt, in der auch hier wieder begegnenden Terminologie der griechischen Tradition, über die Konjunktion der Vernunftseele mit dem Aktiven Intellekt. Auch die mystische Vorstellung vom 'Entwerden' der individuellen Seele in der Union mit dem göttlichen Du, Endziel der asketischen und kontemplativen Lebensführung, ist ein Element seines Versuches, die wesenhafte und ausschliessliche Identität zwischen den Symbolen der islamischen Offenbarung und der universalen, intelligiblen Wahrheit aufzuzeigen. Der vollkommene Philosoph ist der singuläre Mensch, dem nach der Läuterung seiner Seele das reine Licht der Wahrheit gewährt ist[49].

Mit dem Aufgeben des politischen Konzepts der Philosophie – der philosophischen Deutung des religiösen Gemeinwesens – entfällt aber auch die hierarchische Zuordnung der reinen Wissenschaften zu den religiösen Disziplinen der Auslegung und Anwendung. Die islamische Gesellschaft hatte solche anmassende Unterordnung ihrer geheiligten Tradition verworfen; al-Fārābīs System blieb in der Klassifikation der Wissenschaften im Gebrauch, wurde freilich nachmals durch die gleichberechtigte Nebenordnung der philosophischen und der religiösen Fächer entschärft. Aber Avicennas Konzept gewinnt dominierenden Einfluss. Nicht in der Utopie eines Idealstaates begründete er den Primat der Philosophie, sondern in einer neuen Metaphysik, definiert als Wissenschaft vom Seienden als Seienden. Indem er die fundamentalen Antinomien zwischen Gottes Ewigkeit und Schöpfungswerk, Transzendenz und Immanenz, Vorsehung und Existenz des Übels löste, versöhnte er Ratio und Glauben; die Identität der rational erkannten und der offenbarten Wahrheit wird nicht postuliert, sondern in philosophischer Korankommentierung demonstriert[50]. Eine neue Theorie der Wissenschaft, die Trennung zwischen logischer, physikalischer und intelligibler Existenz der Universalien, stellt die Klassifikation der drei philosophischen Fächer Logik, Physik und Metaphysik auf ein ontologisches Fundament[51]. Im stolzen Bewusstsein, auf die höchste Stufe absoluter Wahrheitserkenntnis gelangt zu sein, unterzog Avicenna die Aristoteles-Überlieferung der Bagdader Übersetzer und Kommentatoren, der 'Westler', wie er sie von Iran aus nannte, und ihren sklavischen Anschluss an die alexandrinische Tradition einer vehementen Kritik, kündigte die Dienstbarkeit des Überlieferers und Kommentators auf und begann, die gesamte Enzyklopädie des alten Curriculums neu zu schreiben[52]. Hatte al-Fārābī neben der Philosophie auch Kompetenz in Mathematik, theoretischer Astronomie und Musiktheorie bewiesen, doch die angewandten Wissenschaften, Medizin und Astrologie, verschmäht, so bewies Avicenna seine Meisterschaft im gesamten Lehrstoff des hellenistischen Erbes. Sein 'Buch der Heilung' – Heilung der Seele durch Wissenschaft – behandelte umfassend und detailliert die theoretischen Wissenschaften des alten Kanons: Logik, Physik bis hin zu Tier- und Pflanzenkunde, die vier mathematischen Fächer und die philosophische Theologie[53]. Die Medizin seines ärztlichen Berufs stellte er, wohlgeordnet nach dem System scholastischer Wissenshierarchie vom Allgemeinen zum Besonderen, in seinem 'Kanon', der 'Regel' ärztlichen Wissens, für die kommenden Jahrhunderte verbindlich und abschliessend dar[54]. Nicht nur im Inhalt, sondern auch in der Systematik sind seine Lehrwerke für die Folgezeit massgeblich geworden. Die systematische Ökonomie seines enzyklopädischen Werkes, die das klassische Curriculum als Norm beibehält, die Niederungen der praktischen und angewandten Wissenschaften an Parerga delegiert, und die Geschlossenheit der Darstellung, die unter den Titeln der klassischen Basistexte des Aristoteles und der Mathematiker das rechte Verständnis ihrer Lehre als philosophische Orthodoxie neu formuliert, die Behandlung zahlreicher Einzelfragen in einem Kranz von Monographien den grossen Summen zuordnet, haben sein Ansehen und seinen Erfolg begründet. Das eklatante Ergebnis dieses Erfolges ist, dass Avicennas Werk die Quellenschriften des Aristoteles und des Galen ablöst, ja verdrängt. Der arabische Aristoteles lebt fort als ein Fächer- und Schriftenkanon und verleiht auch in solcher Vermittlung seinem arabischen Fortsetzer den Widerschein seiner Autorität. Aber die Einheit der Philosophie im Zeichen Avicennas ist auch Vereinheitlichung und Verarmung; erst später, und vor allem auf den Andalus beschränkt, gab es eine Rückbesinnung auf die authentische Lehre der Alten.

6

Es war Avicennas Interpretation des philosophischen Weltbildes, welche die Philosophie, schliesslich auch die Theologie des islamischen Ostens prägte. Aber zunächst formulierte der grosse Theologe al-Ġazālī (1058–1111), selbst in Ibn Sīnās Tradition der Philosophie gebildet, angesichts der erneuten Virulenz der häretischen Schia gegen Ende des 11. Jahrhunderts die massgeblichen Zurückweisungen des schiitischen Esoterismus auf der einen, der philosophischen Ontologie auf der anderen Seite. Zwar stellte er die Logik Avicennas in seinem Kompendium als ‘Gefäss der Wissenschaft’ in den Dienst der Jurisprudenz. Auch nach seiner Abwendung von der Philosophie verteidigte er deren Logik-Organon als Instrument der Wahrheitsfindung, wie die Alten als ‘Waage’ zur Trennung von Richtig und Falsch, und explizierte den Syllogismus aus dem Koran selbst[55]. Aber nach anfänglicher Annäherung an die Philosophie Avicennas wies er die Kosmologie der Philosophen – die Lehre von der Ewigkeit der Welt – zurück; sein Buch von der 'Inkohärenz', der 'Haltlosigkeit' der Philosophie, war ein Signal, das weithin und nachhaltig wirkte[56]. Vorläufig blieb die philosophische Lehre aus den hohen Schulen des Islams verbannt; die Madrasa blieb Rechtsschule.

Das Gespräch zwischen den wissenschaftlichen Disziplinen blieb daher auf die philosophische Enzyklopädie beschränkt. Auf diese Weise blieb ihr einerseits die Versuchung einseitiger Professionalisierung und Institutionalisierung erspart; die Einheit und Geschlossenheit der Wissenschaften hellenistischen Erbes blieb erhalten. Andererseit verhinderte die langanhaltende Isolierung der Philosophie in der islamischen Gesellschaft – nach dem vorläufigen Ende der offenen Kontroverse mit den islamischen Institutionen – eine Erneuerung des wissenschaftlichen Denkens selbst. Die philosophische Deutung der Prophetie und der Unsterblichkeit, des Abstiegs des göttlichen Intellekts und des Aufstiegs der geläuterten Seele erhob die Philosophie zu einer Religion der Gebildeten, die mit der Pflichtenlehre der Scharia nicht Kontamination, sondern Konkurrenz suchte. Die Lehrüberlieferung der rationalen Wissenschaften blieb getrennt vom Curriculum islamischer Religions- und Rechtslehre. Die Philosophen des islamischen Mittelalters verdienten ihren Lebensunterhalt als Ärzte, als Chronologen der Moscheen, als Astronomen der Observatorien, zugleich Astrologen im Dienste der Autokraten; es waren Ärzte und Astronomen, welche bis in das Spätmittelalter der Mongolenzeit Irans und der Mamlukenzeit des Vorderen Orients als Kopisten und Überlieferer der philosophischen Tradition, als Kommentatoren Avicennas, als Enzyklopädisten nach seinem Vorbild die Einheit der Wissenschaften unter der Ägide der Philosophie bewahrten.

Die Philosophie begleitete ihre Disziplinen als Wissenschaftslehre. Sie definierte deren Stellung zueinander in einer auf die Prinzipien des Seienden und die korrespondierende Hierarchie der Erkenntnisgrade gegründeten Systematik – von der sublunaren Welt des Entstehens und Vergehens aufsteigend zur ewigen Welt des Geistes. Die Geistmetaphysik der Alten wahrte die Kohärenz des Weltbildes; die Überzeugung, dass die überkommene Tradition eine harmonische sei, blieb massgeblich für die Paradigmata der Probleme und Lösungen. Nicht Johannes Philoponos' revolutionäre Entgötterung des Himmels, nicht die theistische Philosophie der *creatio ex nihilo* ist daher von den meisten islamischen Philosophen aufgegriffen worden (um so bereitwilliger von ihren theologischen Kritikern), sondern die von den Schulen der Spätantike verteidigte Harmonie zwischen Platon und Aristoteles, das Konzept der *creatio ab aeterno*[57]. Das eigentümliche Objekt der Erkenntnis sind die ewigen, separaten Formen, obzwar vermittelt durch die Phänomene der physikalischen, der Wahrnehmung zugänglichen Welt; auch diese beruhen auf dem *processus* des Geistes, verdinglicht in der Hierarchie der Sphären, deren Intellekte in der Erkenntnis ihrer selbst ihren höchsten Ursprung erkennen und hierbei passive Materie und – dem Seinsgrund nachstrebend – dynamische Form, Seele, unablässig konstituieren. Daher hatte die Theorie der Naturerklärung "die Phänomene zu wahren": Der Auftrag der Philosophie an die Wissenschaften war die Bewahrung und Ausdeutung des überlieferten Weltbildes. Wie es Platon (nach der Überlieferung) den Astronomen aufgegeben hatte, "herauszufinden, welche die gleichförmigen und geordneten Bewegungen sind, durch deren Annahme die Erscheinungen gerettet werden können"[58], so arbeiteten islamische Astronomen und Mathematiker über sechs Jahrhunderte an der Aufgabe, die Epizykelbewegungen des ptolemäischen Planetenmodells immer besser mathematisch zu erfassen und zugleich jenes Postulat – die Uniformität der himmlischen Kreisbewegung – immer vollkommener zu rechtfertigen. Revisionen des Modells sind versucht worden, doch stets zur Verteidigung des Postulats. Demselben theoretischen Grundsatz verpflichtet sind auch die iranischen und damaszenischen Astronomen des 13. und 14. Jahrhunderts, welche mit einwandfreien Neuberechnungen der Epizykelbewegungen aus zusammengesetzten Vektoren den Modellwechsel des Kopernikus vorbereiten, freilich nicht vorwegnehmen[59]. Eine die moderne Anatomie vorwegnehmende Erkenntnis wie die Entdeckung des Lungenkreislaufs durch Ibn an-Nafīs (gest. 1288) ist nur beiläufige Retusche der galenischen Anatomie in einem Kommentar zum 'Kanon' Avicennas, der dieselbe Anatomie vertrat: Sie ersetzt deren Postulat, die

Existenz von Poren in der Herzscheidewand, welche die Mischung aus Blut und Luft zu 'animalischem Geist' ermöglichen, durch ein anderes; zu 'retten' war hier das Fehlen solcher Poren (eine empirische Entdeckung), nicht das allgemeine Prinzip des Blutkreislaufs, welches der mittelalterlichen Medizin fremd war und blieb[60]. In den Lehrbuchsätzen über 'Theorie' und 'Praxis' als Komponenten der medizinischen Unterweisung ist auch die 'Praxis', d.h. die Lehre von der Anwendung der universalen Prinzipien auf die Particularia, nur Teil des wissenschaftlichen Diskurses, nicht praktische Beobachtung und Ausübung[61]. Aber es sind auch Gelehrte des islamischen Mittelalters gewesen, die – der Wahrheitssuche und dem rationalen Geist reiner Wissenschaft verpflichtet – auf die Grenzen der überkommenen und allseits anerkannten Autoritäten stiessen, auf Widersprüche zwischen der Überlieferung und der Evidenz exakter Wissenschaft hinwiesen. Bedeutende Erkenntnisse der Mathematik, der Astronomie und der Physik sind solcher Kritik zu verdanken, die auch vor Aristoteles nicht haltmacht[62].

7

Die bedeutendste Gegenbewegung gegen die Lehrbuchphilosophie der Anwender und Praktiker bringen die Nachfolger des Fārābī im islamischen Spanien in Gang. Al-Fārābī schon hatte seine Emanzipation der reinen Philosophie, die er als "königliche Kunst" – die Kunst gerechter Staatsführung – verherrlicht, mit Polemik und Spott gegen den Dilettantismus Galens und seiner ärztlichen Jünger begleitet. Ibn Rušd von Cordoba (gest. 1198), im Westen Averroes genannt, als 'der Kommentator' des Aristoteles schlechthin ein Lehrmeister des Abendlandes, folgte ihm in beiderlei Hinsicht und in derselben Intention[63]. Auch im islamischen Andalusien war der Traditionismus der Rechtsgelehrten Werkzeug politischer Legitimation geworden; die Autorität der mālikitischen Rechtsschule wurde Inbegriff dogmatischer Erstarrung und tyrannischer Willkür. Die stets gefährdete Stellung der Philosophie gegenüber den Machthabern zwang zur Rückbesinnung auf die Rolle des Philosophen im Staat, auf die Möglichkeiten und Grenzen politischer Philosophie; sie förderte zugleich den um so engeren Anschluss an die anerkannten Autoritäten der Lehrtradition, sichtbar in der intensiven und extensiven Kommentierung der aristotelischen Schriften durch den grossen Averroes, sichtbar auch im Anschluss an al-Fārābī als deren schöpferischen Interpreten im Islam.

Der Initiator war Ibn Bāǧǧa (Avempace, gest. 1139). In seinem Buch über 'Die Lebensführung des Einsamen' spricht er vom Philosophen als dem einzelnen, der in der Vereinigung seiner Seele mit dem göttlichen Geist die höchste menschliche Aktivität und das letzte Glück sucht. Die wahren Philosophen erkennen auf ihrem Weg zu diesem Ziel Wahrheit und Tugend, welche den Staatswesen ihrer Zeit fremd sind. Ibn Bāǧǧa nennt diese Menschen 'Unkräuter'; auch dieser Ausdruck war von al-Fārābī geprägt, aber bei ihm bezeichnete er Menschen, die im tugendhaften Staat den Keim des Irrtums und des Lasters verbreiten. Der Philosoph hat resigniert; er sieht, dass die Staaten der Unwissenheit und des Irrtums der Normalfall der conditio humana sind, in denen die Weisen nur als verstreute Unkräuter existieren. Doch solange es solche gibt, besteht Grund zu der Hoffnung, dass sie dereinst den Keim eines vollkommenen Staatswesens bilden werden[64].

Nüchterner noch hat der bedeutendste Philosoph des Andalus, Averroes, Philosoph und Arzt, Philosoph und auch Jurist, das Dilemma zwischen dem theoretischen Ideal und pragmatischer Staatsraison aufgezeigt. Seine Verteidigung des philosophischen Weltbildes gegenüber der Kritik des Ġazālī und sein leidenschaftliches Plädoyer für die essentielle Identität des philosophischen Glaubens mit der offenbarten Religion begründen seinen Rang als Vollender der Philosophie hellenistischen Erbes im Islam; das monumentale Kommentarwerk zum Corpus Aristotelicum begründete seinen Nachruhm bei den europäischen Philosophen des Mittelalters: ein grossangelegtes Unternehmen zur Rechtfertigung des Aristoteles gegenüber abweichenden Lehrmeinungen, gegenüber der Planetentheorie des Ptolemaios, gegenüber der Anatomie Galens, gegenüber der Physik des Johannes Philoponos, gegenüber der Kritik Avicennas und vor allem Ġazālīs. Auch hier tritt zu den aristotelischen Schriften Platos *Respublica* als Folie aktueller Gedanken und expliziter Kritik an Niedergang und gegenwärtigem Zustand der islamischen Staaten[65]. Die Hoffnung der Philosophen auf das wahre Glück – sei es im Idealstaat des Fārābí, sei es als Glück des einzelnen im Sinne Ibn Bāǧǧas – bleibt ihm Utopie. Es ist nicht möglich, dass eine entstandene und vergängliche Substanz die separaten Formen erkenne; allein die universale Vernunft der Menschheit kann zur Erkenntnis der separaten Formen und zur Konjunktion mit dem *intellectus agens* gelangen. Wissen und Glück der höchsten Stufe im Sinne der Philosophie ist nicht mehr Sache einzelner Menschen, idealer Gesetzgeber oder einsamer Gottsucher; die Philosophie ist das Werk des Menschengeschlechts[66].

Der Aristotelismus des Westens hat nicht im Islam, sondern in der Philosophie der europäischen Scholastik seine grösste Wirksamkeit entfaltet. Die Scholastik des Islams im Osten ging andere Wege. Drei grosse geistige Strömungen fanden zusammen, um endlich die Versöhnung von Philosophie und Theologie zuwege zu bringen: die Schule Avicennas, der die Metaphern der Mystik als Allegorie der philosophischen Erkenntnis gedeutet und beschrieben hatte; die Schule Ġazālīs, dessen Widerlegung der Philosophie mit ihren eigenen Mitteln die Sprache der Philosophie zum Werkzeug der Theologie bildete, in den Händen seiner Schüler ein Werkzeug wachsender Konvergenz zwischen Philosophie und Theologie; endlich die Schule des Yaḥyā as-Suhrawardī, des mystischen Theologen, den Sultan Saladin im Jahre 1191 als Ketzer hinrichten liess, Jünger des gnostischen Allegorikers Avicenna, der dessen Theorie der Union der Seele mit dem Aktiven Intellekt als philosophischen Ausdruck der mystischen Erfahrung aufnahm, auf der Suche nach höchstem Wissen nicht durch Wissenschaft, sondern durch intuitive Erleuchtung, 'Theosophie'.[67]

Im sunnitischen Islam war es Averroes' Zeitgenosse Faḫraddīn ar-Rāzī (gest. 1209)[68], der Ġazālīs Theologie mit einer von Anstössen gereinigten Metaphysik in eine philosophische Enzyklopädie einbrachte, deren Nachahmer und Fortsetzer endlich auch in den Lehrplan der Rechtsschule Eingang fanden[69]. Zwar suchten Philosophen wie Theologen gegenüber der Verwässerung und Vermischung der Begriffe Philosophie und Theologie Grenzen zu ziehen. Aber erst solche Grenzüberschreitung, allein die Unterordnung der Metaphysik unter die Theologie machte den Weg frei für die Aufnahme einer philosophischen Disziplin in den Lehrkanon der islamischen Institutionen des Spätmittelalters. Diese Disziplin enthielt die aristotelische Logik und die Wissenschaftsklassifikation des alten Kanons. Sie bezog aus der aristotelischen Physik und Metaphysik Elemente der Kategorienlehre und Ontologie – Elemente, die nach ihrer Revision durch Avicenna und nach der Trennung von 'Erster Philosophie' und Theologie zur Begründung der theistischen Seins- und Schöpfungslehre dienen konnten; sie eliminierte die Ewigkeit der Welt, den alten Stein des Anstosses. Erst um den Preis der Unterordnung im Dienste der Theologie erringt philosophische Lehre ihren Platz in einem Kanon, der als Lehrstoff der Rechtsschule, der Madrasa, institutionell gesichert bleibt.

Im schiitischen Islam andererseits, im Iran der Mongolen- und der Safawidenzeit, überlieferten die Fortsetzer des Suhrawardī seine Theosophie als Vollendung der aristotelischen Tradition. Lassen Sie mich, nachdem wir mit dem Traum des Ma'mūn begannen, mit einem Traum des Suhrawardī schliessen. Auch ihm erschien Aristoteles, "die Zuflucht der Seelen und der Imam der Weisheit". Suhrawardī befragt ihn nach dem Wesen wahren Wissens, und der Aristoteles des Traumes spricht von der Union der Seelen miteinander und mit dem göttlichen Geist nach ihrer Lösung von dieser Welt durch die Wirkung des Aktiven Intellekts. Schliesslich preist er seinen Lehrer, Platon, und Suhrawardī fragt: "Hat denn einer von den *falāsifa* [d.h. von den hellenistischen Philosophen] ihn erreicht?" "Nein", erwiderte er, "nicht den tausendsten Teil seines Ranges." Erst als Suhrawardī einige der grossen Lehrer der Eins- und Liebesmystik des Islams nennt, verklärt sich sein Gesicht, und er spricht: "Diese sind die wahrhaften Philosophen und Weisen; sie blieben nicht stehen bei formalem Wissen, sondern gingen weiter zum Wissen der Teilhabe, Union und Erfahrung" – zur mystischen Erfahrung der Frommen[70].

So verweist schliesslich der arabische Aristoteles auf die Offenbarung als Antwort für menschliche Wahrheitssuche. So endlich gewinnen die Lehrer der Logik und der Grammatik, der Theologie und der Metaphysik, der Ethik und der Jurisprudenz die Einheit der Wissenschaften unter dem Schirm des Islams zurück.

Summary

Philosophy came to the Arabs in the wake of the sciences. To the scholars who translated and developed the Greek heritage, the logic of Aristotle gave a method of discourse and a unified system of knowledge, while his metaphysics and ethics propagated the rational sciences as a universal way toward the purification and salvation of the rational soul. Apart from the authentic works of Aristotle, a number of Neoplatonic texts became known in Arabic translation and provided a philosophic theology under his name. With the growth and emancipation of philosophy in Islam, this doctrine was interpreted and further developed as a universal truth giving true guidance to the individual as well as – in an Islamic interpretation of the Platonic *Republic* – to the religious community. Muslim society did not accept this model, which debased the Revelation; but the dialogue and conflict of five centuries ended up in the synthesis of Islamic scholasticism which continued to revere the Arabic Aristotle as the First Teacher of logic and rational knowledge.

Anmerkungen

1 Ibn an-Nadīm (gest. 990): *Kitâb al-Fihrist* ed. G. Flügel. Leipzig 1871–72. S. 243.

2 Vgl. Gotthard Strohmaier: *Byzantinisch-arabische Wissenschaftsbeziehungen in der Zeit des Ikonoklasmus,* in: Studien zum 8. und 9. Jahrhundert in Byzanz, hrsg. v. H. Köpstein. Berlin 1983. S. 179–183.

3 Über die traditionellen Definitionen der Philosophie in der alexandrinischen Einführungsvorlesung (den Kommentaren zu Porphyrs *Isagoge* vorangestellt) und ihre arabischen Fassungen siehe Leendert Gerrit Westerink: *Anonymous Prolegomena to Platonic Philosophy*. Amsterdam 1962. S. xxv-xxxi; Christel Hein: *Definition und Einteilung der Philosophie von der spätantiken Einteilungsliteratur zur arabischen Enzyklopädie*. Frankfurt a.M. 1985. S. 53–55.

4 Werner Jaeger: *Die Antike und das Problem der Internationalität der Geisteswissenschaften,* in: Inter Nationes. 1. Berlin 1931. S. 33b.

5 Einen Überblick über die Übersetzungen und die Überlieferungsgeschichte der hellenistischen Wissenschaften im Islam geben Moritz Steinschneider: *Die arabischen Übersetzungen aus dem Griechischen.* [Nachdruck der 1889–96 erschienenen Abhandlungen]. Graz 1960; G. Endress: *Die wissenschaft-*

liche Literatur. In: Grundriss der Arabischen Philologie. Bd. 2. Wiesbaden 1987; für die einzelnen Diszplinen: Fuat Sezgin: *Geschichte des arabischen Schrifttums*. Leiden 1967ff. Bd. 3: Medizin, Pharmazie, Zoologie, Tierheilkunde. 1970; 4: Alchimie, Chemie, Botanik, Agrikultur. 1971; 5: Mathematik. 1974; 6: Astronomie. 1978; 7: Astrologie, Meteorologie. 1979; Manfred Ullmann: *Die Medizin im Islam*. Leiden 1970 (Handbuch der Orientalistik. Abt. 1. Erg.-Bd. 6,1); ders.: *Die Natur- und Geheimwissenschaften im Islam*. Leiden 1972 (Handbuch der Orientalistik. Abt. 1. Erg.-Bd. 6,2).

[6] Carlo Alfonso Nallino: *Storia dell'astronomia presso gli Arabi nel Medio Evo*, in: Nallino: Raccolta di scritti. Roma 1939–48. Bd. 5. S. 88–329, bes. S. 209–226; M. Ullmann: *Die Medizin im Islam* [wie Anm. 5]. S. 22, 109f.

[7] Paul Kunitzsch: *Der Almagest*. Wiesbaden 1974. S. 17ff.

[8] Ibn an-Nadīm [wie Anm. 1]. S. 243; vgl. Friedrich Hauser: *Über das kitâ al ḫiyal . . . der Benû Mûsâ*. Erlangen 1922. S. 180–188.

[9] So nach der arabischen Biographie Hunains im Ärztelexikon des Ibn Abī Uṣaibi'a (gest. 1270): *'Uyūn al-anbā' fi ṭabaqāt al-aṭibbā'*, ed. August Müller. Kairo 1882. 1. S. 197. – Über die Übersetzungen der griechischen Medizin von und um Ḥunain siehe Gotthelf Bergsträsser: *Ḥunain ibn Isḥāq über die syrischen und arabischen Galen-Übersetzungen*. Leipzig 1925; Gotthard Strohmaier: *Ḥunayn b. Isḥāḳ*. In: Encyclopaedia of Islam. New ed. Leiden 1954 ff. Vol. 3. S. 578–581 (1967).

[10] Über die Philosophie des Kindi – nur ein bedeutender Ausschnitt seines vielseitigen Werkes – siehe Richard Walzer: *L'Éveil de la philosophie islamique*. In: Revue des études islamiques 38. 1970. S. 7–42; 39. 1971. S. 207–242, bes. 207–225; Jean Jolivet: *al-Kindī*, in: Encyclopaedia of Islam. New ed. Leiden 1954ff. 5. S. 122–123 (1979).

[11] Zu den Übersetzungen und zur Überlieferung des Corpus Aristotelicum bei den Arabern siehe Francis Edward Peters: *Aristoteles Arabus: the Oriental translations and commentaries on the Aristotelian corpus*. Leiden 1968; ders.: *Aristotle and the Arabs: the Aristotelian tradition in Islam*. New York 1968.

[12] Vgl. Alan Cameron: *The last days of the Academy of Athens*, in: Proceedings of the Cambridge Philological Society N.S. 15. 1986. S. 7–29.

[13] Für die Einzelheiten siehe Leendert Gerrit Westerink: *Anonymous Prolegomena* [wie Anm. 3]. S. x-xxv; ders.: *Ein astrologisches Kolleg aus dem Jahre 564*, in: Byzantinische Zeitschrift 64. 1971. S. 6–21; ders.: *The Greek commentators on Plato's Phaedo*. Vol. 1: Olympiodorus. Amsterdam 1976. S. 26.

[14] Dass die Bibliothek von Alexandria erst der arabischen Eroberung zum

Opfer gefallen sei, ist tendenziöse Legende; vgl. Giuseppe Furlani: *Sull' incendio della biblioteca di Alessandria,* in: Aegyptus 5. 1924. S. 205–212.

[15] Über die neuplatonische Überlieferung, bes. über die sogenannte *Theologia Aristotelis,* siehe Josef van Ess: *Jüngere orientalische Literatur zur neuplatonischen Überlieferung im Bereich des Islam,* in: Parusia. Festgabe für J. Hirschberger. Frankfurt a.M. 1965. S. 333–350; Franz Rosenthal: *Plotinus in Islam: the power of anonymity,* in: Plotino e il Neoplatonismo in Oriente e in Occidente. Roma 1974. S. 437–446; Friedrich Wilhelm Zimmermann: *The origins of the so-called 'Theology of Aristotle',* in: Pseudo-Aristotle in the Middle Ages: the *Theology* and other texts. Ed. by Jill Kraye [etc.]. London 1986. S. 110–240.

[16] G. Endress: *Proclus Arabus. Zwanzig Abschnitte aus der Institutio Theologica in arabischer Übersetzung.* Beirut, Wiesbaden 1973; Richard C. Taylor: *The 'Kalām fī maḥḍ al-khair' (Liber de causis) in the Islamic philosophical milieu.* In: Pseudo-Aristotle [wie Anm. 15]. S. 37–52.

[17] Vgl. Matthias Baltes: *Die Weltentstehung des platonischen Timaios nach den antiken Interpreten.* Leiden 1976–79.

[18] G. Endress: *Proclus Arabus* [wie Anm. 16]; Richard Walzer: *Greek into Arabic.* Oxford 1960. S. 190–196.

[19] G. Endress: *Die arabischen Übersetzungen von Aristoteles' Schrift 'De Caelo'.* Frankfurt a.M. 1966.

[20] Pieter L. Schoonheim: *Aristoteles' Meteorologie in arabischer und lateinischer Übersetzung.* Leiden 1978; s. auch G. Endress in Oriens 23–24. 1970–71. S. 497–509.

[21] Richard Walzer: *Greek into Arabic.* Oxford 1960. S. 114–128; Angelika Neuwirth: *Neue Materialien zur arabischen Tradition der beiden ersten Metaphysik-Bücher,* in: Die Welt des Islam. N.S. 18. 1977. S. 84–100; Aubert Martin: *Averroès, Grand Commentaire de la Métaphysique d'Aristote. Livre Lam-Lambda.* Paris 1984.

[22] Helmut Gätje: *Studien zur Überlieferung der aristotelischen Psychologie.* Heidelberg 1971. S. 45–53; vgl. auch G. Endress in: Zeitschrift der Deutschen Morgenländischen Gesellschaft 130. 1980. S. 432f.

[23] G. Endress: *Al-Kindī's theory of anamnesis; a new text and its implications,* in: Islão e Arabismo na Península Ibérica. Actas do XI Congresso da União Europeia de Arabistas e Islamólogos, 1982. Évora 1986. S. 393–402.

[24] Übersetzung der "Ersten Philosophie" des Kindī von Alfred L. Ivry: *Al-Kindī's Metaphysics.* Albany, N.Y., 1974; s. auch G. Endress: *Proclus Arabus* [wie Anm. 16]. S. 242–246; Jean Jolivet: *Pour le dossier du Proclus arabe: al-Kindī et la Théologie platonicienne,* in: Studia Islamica 49. 1979. S. 55–75.

[25] R. Walzer: *Greek into Arabic*. Oxford 1960. S. 184–187, 196–199.

[26] Al-Kindī: *Rasā'il* ed. Abū Rīda. 1. S. 275f.

[27] Christel Hein: *Definition und Einteilung* [wie Anm. 3]. S. 165f., 170–181.

[28] F.W. Zimmermann: *Al-Farabi's Commentary and Short Treatise on Aristotle's De Interpretatione*. London, Oxford 1981. S. cxxii ff.; A. Elamrani-Jamal: *Logique aristotélicienne et grammaire arabe*. Paris 1983; G. Endress: *Grammatik und Logik: arabische Philologie und griechische Philosophie im Widerstreit*, in: Sprachphilosophie in Antike und Mittelalter, hrsg. v. B. Mojsisch. Amsterdam 1986. S. 163–299.

[29] Über Leben und Werk des Rāzī siehe M. Ullmann: *Die Medizin im Islam* [wie Ann. 5]. S. 128; bes. über seine Philosophie: S. Pines: *Beiträge zur islamischen Atomenlehre*. Berlin 1936.

[30] Über al-Fārābīs Biographie und Bibliographie s. Nicholas Rescher: *al-Fārābī: an annotated bibliography*. Pittsburgh 1962; Muhsin Mahdi: *al-Fārābī*, in: Dictionary of Scientific Biography. New York 1970–80. 4. S. 523–525.

[31] Über die Lehrüberlieferung der Logik bis zu al-Farabi siehe F.W. Zimmermann: *Al-Farabi's Commentary* [wie Anm. 26], Einleitung; über das Selbstverständnis der Philosophie auch ders.: *Al-Farabi und die philosophische Kritik an Galen von Alexander zu Averroes*, in: Akten des VII. Kongresses für Arabistik und Islamwissenschaft, 1974. Göttingen 1976. S. 401–414.

[32] Zur Einführung in die Philosophie des Farabi siehe Richard Walzer: *Early Islamic philosophy*, in: The Cambridge History of Later Greek and Early Medieval Philosophy. Cambridge 1967. S. 641–669, bes. 652–666; ders.: *L'Éveil* [wie Anm. 10]. S. 226–242.

[33] Muhsin Mahdi: *Alfarabi against Philoponus*, in: Journal of Near Eastern Studies 26. 1967. S. 233–260.

[34] R. Walzer: *Greek into Arabic*. Oxford 1960. S. 206–219; ders.: *Aristotle's Active Intellect νους ποιητικος in Greek and early Islamic philosophy*, in: Plotino e il Neoplatonismo in Oriente e in Occidente. Roma 1974. S. 423–436; ders.: *Alfarabi on the Perfect State* [s.u. Anm. 38]. S. 401–423.

[35] Wolfhart Heinrichs: *Die antike Verknüpfung von phantasia und Dichtung bei den Arabern*, in: Zeitschrift der Deutschen Morgenländischen Gesellschaft 128. 1978. S. 252–298.

[36] A. Cameron [wie Anm. 12]. S. 13–17.

[37] al-Fārābī: *Falsafat Aflāṭūn*, edd. F. Rosenthal & R. Walzer, S. 19.11–20.10; engl. in Muhsin Mahdi: *Alfarabi's Philosophy of Plato and Aristotle*. New York 1962 (rev. ed. Ithaca, N.Y., 1969). S. 64f.

[38] Hrsg., übersetzt und kommentiert von Richard Walzer: *Alfarabi on the*

Perfect State. Abū Naṣr al-Fārābī's Mabādi' ārā' ahl al-madīna al-fāḍila. Oxford 1985.

39 al-Fārābī: *Mabādi'* ed. Walzer [Anm. 38]. S. 278–281.

40 al-Fārābī: *Kitāb al-Milla* ed. M. Mahdi. S. 152; vgl. W. Heinrichs [wie Anm. 35]. S. 283ff.

41 R. Walzer: *Alfarabi on the Perfect State* [wie Anm. 38]. S. 448; Muhsin Mahdi: *Science, philosophy and religion in Alfarabi's Enumeration of the Sciences,* in: The Cultural Context of Medieval Learning, ed. by. J.E. Murdoch and E.D. Sylla. Dordrecht, Boston 1975. S. 113–147.

42 Die griechische σωφροσύνη, s. G. Endress in Zeitschrift der Deutschen Morgenländischen Gesellschaft 122. 1972. S. 345.

43 Vgl. Muhsin Mahdi: *Alfarabi on philosophy and religion,* in: The Philosophical Forum 4. 1972. S. 5–25.

44 al-Fārābī: *Mabādi'* ed. Walzer [wie Anm. 38]. S. 280–281.

45 G. Endress: *The limits to reason: some remarks on Islamic philosophy in the Būyid period,* in: Akten des VII. Kongresses für Arabistik und Islamwissenschaft, 1974. Göttingen 1976. S. 120–125.

46 Über Avicennas Werke siehe Amélie-Marie Goichon: *Ibn Sīnā,* in: Encyclopaedia of Islam. New ed. Leiden 1954ff. Vol. 3. S. 941–947 (1969).

47 Ibn Sīnās Autobiographie, ergänzt durch einen Schüler, hrsg. von William E. Gohlman: *The life of Ibn Sīnā.* Albany, N.Y., 1974; Analyse der Chronologie von Rudolf Sellheim in: Oriens 11. 1985. S. 233–239.

48 Zur Einführung in die Philosophie Avicennas siehe Amélie-Marie Goichon: *La philosophie d'Avicenne et son influence dans l'Europe médiévale.* Paris 1937; Gérard Verbeke: *Avicenna, Grundleger einer neuen Metaphysik.* Opladen 1983.

49 Siehe z.B. A.-M. Goichon: *Le récit de Ḥayy ibn Yaqẓān commenté par des textes d'Avicenne.* Paris 1959; Louis Gardet: *La pensée religieuse d'Avicenne (Ibn Sīnā).* Paris 1951; Marion Soreth: *Text- und quellenkritische Bemerkungen zu Ibn Sīnās Risāla fī l-'išq,* in: Oriens 17. 1964. S. 118–131.

50 So in seiner Interpretation des 'Lichtverses' aus dem Koran; engl. von Michael E. Marmura in: Ralph Lerner, Mushin Mahdi [Hrsg.]: *Medieval political philosophy; a sourcebook.* New York, Toronto 1963 (repr. New York 1972).

51 Georges C. Anawati: *Les divisions des sciences intellectuelles d'Avicenne,* in: Mélanges. Institut Dominicain d'Etudes Orientales. Le Caire. 13. 1977. S. 323–335; Michael E. Marmura: *Avicenna on the division of the sciences* in: Journal of the History of Arabic Science. Aleppo. 4. 1980. S. 239–251.

52 Dazu Shlomo Pines: *La 'philosophie orientale' d'Avicenne et sa polèmique contre les Bagdadiens.* In: Archives d'histoire doctrinale et littéraire du

Moyen Age. Paris. Ann. 27, t. 19. 1952. S. 5–37; Dimitri Gutas: *Avicenna and the Aristotelian tradition.* Leiden 1988.

[53] Übersetzung der Metaphysik *(al-Ilāhiyyāt)* von Georges C. Anawati: *La Métaphysique du Shifā'.* Paris 1978–85 (Études musulmanes. 21. 27).

[54] Siehe Manfred Ullmann: *Die Medizin im Islam.* Leiden 1970 (Handbuch der Orientalistik. Erg.-Bd. 6,1). S. 152–154, mit Angaben über Übersetzungen und Studien.

[55] Vgl. Michael E. Marmura: *Ghazali and demonstrative science,* in: Journal of the History of Philosophy 3. 1965. S. 183–204; ders.: *Ghazali's attitude to the secular sciences and logic,* in: Essays on Islamic philosophy and science, ed. G.F. Hourani. Albany, N.Y. 1975. S. 100–111. – In seinem Traktat *al-Qisṭās al-mustaqīm* demonstriert al-Ġazālī die Geltung des Syllogismus aus dem Koran; s. Victor Chelhod: *'Al-Qisṭās al-mustaqīm' et la connaissance rationelle chez Ġazālī,* in: Bulletin d'Études orientales. Damas. 15. 1955–57. S. 7–98.

[56] Zusammen mit Averroes' Widerlegung ins Englische übersetzt und kommentiert von Simon van den Bergh: *Averroes' Tahafut al-Tahafut (The Incoherence of the Incoherence).* London 1954; s. auch Muḥammad 'Abd-al-Hādī Abū-Rīda: *Ghazali's Streitschrift gegen die griechische Philosophie.* Diss. Basel 1952.

[57] Über die Geschichte des Problems s. Ernst Behler: *Die Ewigkeit der Welt.* T. 1: Die Problemstellung in der arabischen und jüdischen Philosophie des Mittelalters. Paderborn [usw.] 1965; Herbert A. Davidson: *Proofs for eternity, creation and the existence of God in medieval Islamic and Jewish philosophy.* New York, Oxford 1987.

[58] Vgl. Jürgen Mittelstrass: *Die Rettung der Phänomene. Ursprung und Geschichte eines antiken Forschungsprinzips.* Berlin 1962.

[59] Siehe Edward Stewart Kennedy: *Late medieval planetary theory,* in: Isis 57. 1966. S. 365–378.

[60] Max Meyerhof: *Ibn an-Nafīs und seine Theorie des Lungenkreislaufs,* in: Quellen und Studien zur Geschichte der Naturwissenschaft und der Medizin 4. 1933. S. 37–88; vgl. M. Ullmann: *Medizin* [wie Anm. 52]. S. 173–176.

[61] Vgl. Ursula Weisser: *Ibn Sīnā und die Medizin des arabisch-islamischen Mittelalters – alte und neue Urteile und Vorurteile,* in: Medizinhistorisches Journal 18. 1983. S. 283–305.

[62] Über antiperipatetische Tendenzen in der Geschichte der arabischen Wissenschaften siehe S. Pines: *Quelques tendences antipéripatéticiennes de la pensée scientifique islamique,* in: Thalès 4. 1940. S. 210–219; über die schöpferische Entwicklung der Physik durch Ibn al-Haiṯam (gest. 1039), gewon-

nen aus der Auseinandersetzung mit Aristoteles und Ptolemäus, siehe Matthias Schramm: *Ibn al-Hayṯhams Weg zur Physik*. Wiesbaden 1963.

63 Über philosophische Galenkritik siehe Johann Christoph Bürgel: *Averroes contra Galenum*. Göttingen 1968; F.W. Zimmermann: *Al-Farabi und die philosophische Kritik an Galen von Alexander zu Averroes*, in: Akten des 7. Kongresses für Arabistik und Islamwissenschaft, 1974. Göttingen 1976. S. 401–414.

64 Über Ibn Bağğas Schrift *Tadbīr al-mutawaḥḥid* siehe Michel Allard: *Ibn Bāğğa et la politique*, in: Orientalia Hispanica sive Studia F.M. Pareja dicata. I,1. Leiden 1974. S. 11–19; Michael E. Marmura: *The philosopher and society: some medieval Arabic discussions*, in: Arab Studies Quarterly 1. 1979. S. 300–323.

65 Edition des nur in hebräischer Version erhaltenen Textes mit englischer Übersetzung von Erwin I. J. Rosenthal: *Averroes' Commentary on Plato's 'Republic'*. Cambridge 1956 (repr. 1969); engl. auch von Ralph Lerner: *Averroes on Plato's 'Republic'*. Ithaca, London 1974.

66 Siehe Shlomo Pines: *La philosophie dans l'économie du genre humain selon Averroès: une réponse à al-Fārābī?*, in: Multiple Averroès. Paris 1978. S. 189–207.

67 Über as-Suhrawardī und seine Wirkungsgeschichte siehe Henry Corbin: *Histoire de la philosophie islamique* 1. Paris 1964. S. 284–304; ders.: *En Islam iranien*. Paris 1971–72. T. 2: Sohrawardī et les platoniciens de Perse.

68 Max Horten: *Die spekulative und positive Theologie des Islam nach Razi und ihre Kritik durch Tusi*. Leipzig 1917 (Nachdruck Hildesheim 1967). Fathallah Kholeif: *A study on Fakhr al-Dīn al-Rāzī and his controversies in Transoxania*. Beirut 1966; Georges C. Anawati: *Fakhr al-Dīn al-Rāzī*, in: Encyclopaedia of Islam. New ed. Leiden 1954ff. Vol. 2. S. 751–755 (1963).

69 F.E. Peters: *Aristotle and the Arabs* [wie Anm. 10]. S. 193–215.

70 as-Suhrawardī: *K. al-Talwīḥāt al-lawḥiyya wal-'aršiyya*. Ed. H. Corbin: Sihābaddīn Yaḥyā as-Suhrawardī. Opera metaphysica et mystica. Vol. 1. Istanbul, Leipzig 1945 (Bibliotheca Islamica; 16a). S. 70–74, die zitierte Stelle S. 74, 1–6. Vgl. Gerhard Böwering: *The Mystical Vision of Existence in Classical Islam; the Qur'ānic Hermeneutics of the Ṣūfī Abū Sahl At-Tustarī (d. 283/896)*. Berlin 1980. S. 52–53.

Muhammad oder Galen?
Das Doppelgesicht der Heilkunst in der islamischen Kultur

Johann Christoph Bürgel

Von einer Darstellung der Medizin in der Blütezeit der islamischen Kultur wird sich die Mehrheit der Leser wohl vor allem eine lange Liste grossartiger Errungenschaften erwarten. Denn ist es nicht jene Zeit, in der – nach einem heute weitverbreiteten Klischee – vom "finsteren Mittelalter" des Abendlands die verfeinerte Hochkultur des islamischen Orients sich in leuchtenden Farben abhob? Wenn Weltanschauungen korrigiert werden, dann pflegt das Pendel in der Regel erst einmal zu weit in die Gegenrichtung auszuschlagen. Und die von Unkenntnis getrübte, von Vorurteilen belastete Sicht des Orients musste zweifellos ebenso revidiert werden wie die Verklärung des europäischen Mittelalters in der Romantik. Inzwischen sieht sich nun aber die Mediävistik veranlasst, das Bild vom "finsteren Mittelalter" zu berichtigen, und der Islamwissenschaft fällt die diffizile und undankbare Aufgabe zu, gegenüber schwärmerischen Glorifizierungen des islamischen Orients, wie sie von mancher Seite nicht ohne Geschick betrieben werden[1], die nötigen Nuancierungen anzubringen und auszusprechen, dass der Prachtbau der islamischen Kultur schon in den Anfängen unterschwellig bedroht war. Das zeigt nun gerade das Beispiel der Medizin, der Heilkunde und Heilkunst im Islam. Darum aber ist dies Beispiel kulturhistorisch so lehrreich. Statt einer Auflistung glanzvoller Leistungen werden wir daher von diesem anfangs noch verdeckten, später aber immer deutlicher zutage tretenden Dilemma der Medizin im Islam reden, das schliesslich in den Niedergang mündete, von ihrer Grösse und von ihrer Begrenzung, von ihrer Blüte und ihrem Zerfall, der in der Blütezeit schon angelegt war. Das ist eingeräumtermassen die Sicht des kritischen Wissenschaftlers. Ist es auch unzulässiger Eurozentrismus? Ich denke: nein; denn wer seine eigene Kultur und Religion in Vergangenheit und Gegenwart mit kritischer Schärfe betrachtet, ohne dabei seine Sympathien preiszugeben, der hat das Recht, diese Methode auch gegenüber andern Kulturen anzuwenden.

Als die arabischen Heere im 7. Jahrhundert innerhalb weniger Jahrzehnte ein Weltreich eroberten, brachten sie ausser dem Heiligen Buch und der darauf fussenden Religion, sowie einer grossartigen Dichtung und beduinischer Folklore kaum nennenswerte kulturelle Güter mit sich, weder im Bereich der Künste noch in dem der Wissenschaften. Freilich, das Wunderwerk der arabischen Sprache, eben zum Gefäss prophetischer Botschaft geworden, war auch geeignet, das Medium einer Hochkultur zu werden. Arabisch, die Sprache der Beduinen, die in der Prägnanz ihrer dichterischen Naturdarstellungen bereits einen achtunggebietenden Erweis ihrer Leistungsfähigkeit erbracht hatte, sollte zum Idiom jener Wissenschaften werden, die man von den eroberten Völkern, von Indern und Persern, aber auch von den politisch im Byzantinischen Reich noch Widerstand leistenden Griechen erlernte. Der Prozess dieses Lernens, der Übernahme, Verarbeitung und Einverleibung erstreckte sich über Jahrhunderte und endete mit der Islamisierung der Wissenschaften.

Der Islam hat immer eine starke Rezeptionsfähigkeit besessen; aber stärker noch als seine Fähigkeit, Fremdes zu rezipieren, assimilieren, war und ist seine Kraft, das mit seinem Wesen nicht Vereinbare abzuwehren, auszusondern. Denn es gibt für den frommem Muslim nur eine Autorität in allen Lebensfragen, Gott, dessen Wille sich in letztgültiger unabänderlicher Form im Koran kundgetan hat und der seinen eigenen Aussagen zufolge Frohbotschaft, Rechtleitung, Gesetz, Wissen, Weisheit und Licht bringt. Der Gläubige bedarf im Grunde also keiner weiteren Informationsquelle, und jedenfalls müssen alle anderweit geschöpften Informationen mit den im Koran niedergelegten Richtlinien übereinstimmen. Ein grosser mittelalterlicher Rechtsgelehrter fasste das in die unmissverständlichen Worte:

> "Es ist allein die vom Propheten ererbte Wissenschaft (ᶜilm), die den Namen Wissenschaft verdient. Alles andere sind entweder unnütze oder überhaupt keine Wissenschaften, auch wenn sie so bezeichnet werden. Jede nützliche Wissenschaft ist nämlich notwendig im Vermächtnis des Propheten enthalten."[2]

Dies musste unausweichlich zu Konflikten führen, da nämlich, wo andere, nicht-muslimische Autoritäten den Ton angaben, die Doktrin bestimmten, die geistige Jurisdiktion beanspruchten, also in jenen Wissenschaften, die aus der griechischen, für den frommen Muslim heidnischen Antike in den Islam übernommen wurden.

Das führte also zu der Frage, ob Plato und Aristoteles, Hippokrates und Galen, um nur von diesen beiden umstrittensten Bereichen, der Philosophie und der Medizin, zu reden, als unabhängige Autoritäten neben Allah und Muhammad gelten durften, oder nur, insofern sich ihre Legitimität aus dem Koran und der prophetischen Tradition nachweisen liess. Es führte also unter anderem zu jenem Konflikt, den wir, zugespitzt, mit den Worten "Galen oder Muhammad" umschrieben haben. Wir stellen ihn heute in den Mittelpunkt unserer Überlegungen, weil er weit über das medizinhistorische Interesse hinaus von allgemeiner symptomatischer Bedeutung für das Verständnis der islamischen Kultur ist. Ich möchte meine Ausführungen in die folgenden Abschnitte einteilen:

1. Die Rezeption der griechischen Wissenschaften.
2. Die grosse Zeit der arabischen Medizin.
3. Fromme Einwände gegen die Medizin.
4. Entstehung und Bedeutung der Prophetenmedizin.

1

Seit dem Tode des Propheten Muhammad waren schon annähernd zwei Jahrhunderte verstrichen, als zu Beginn des neunten Jahrhunderts die Rezeption der griechischen Wissenschaften mit grosser Intensität einsetzte. Und Rezeption, das hiess zunächst einmal Übersetzung, Arabisierung der griechischen wissenschaftlichen Texte[3]. Natürlich hatte dieses Unternehmen auch eine Vorgeschichte.

Schon ein Umayyadenprinz, Ḫālid b. Yazīd, soll sich für die griechische Alchemie interessiert und Texte übersetzt haben, um nur ein Beispiel zu nennen[4]. Doch blieben dies Einzelfälle.

Die eigentliche Bereitschaft, der grosse Drang, griechische Wissenschaften zu fördern, zugänglich zu machen, kam mit den Abbasiden, jener Dynastie, die von 750–1258 in Bagdad regierte.

Massgeblich war zunächst ganz allgemein der Einfluss der alten, vorislamischen Kulturen. Bezeichnend ist eine Einzelheit, die vom zweiten Kalifen dieser Dynastie, al-Manṣūr, erzählt wird (754–775). Als er an einem Magenleiden erkrankt war, das seine arabischen Leibärzte nicht heilen konnten, verwies man ihn an die nestorianischen Ärzte der medizinisch-philosophischen Akademie im persischen Gondeschapur, einer Gründung des Sassaniden Chosrou Anuschirwan aus dem Jahre 555, die also bereits das ehrwürdige Alter von über 200 Jahren hatte[5]. Georg, Sohn des Gabriel, Sohn des Buḫtīšū, was "Geschenk Jesu" bedeutet, der Chef dieser Akademie, kam nach Bagdad, kurierte den Kalifen, und von da ab waren Ärzte aus seinem Geschlecht noch über 200 Jahre, meist als Leibärzte von Kalifen, in Bagdad tätig. Sie werden auf die Notwendigkeit einer Arabisierung des griechischen Erbes hingewiesen haben, und mit ihren Erfolgen als Ärzte waren sie beste Propagandisten. Hinzu kam, dass der Bedarf an guten Ärzten nicht nur am Kalifenhof, sondern auch im besitzenden Bürgertum ständig gestiegen war, denn mit dem städtischen Luxus mehrten sich die Krankheiten, und dies wiederum gab der Heilkunst Auftrieb, ganz wie es später der grosse arabische Historiker Ibn Ḫaldūn in seiner berühmten Geschichtssoziologie, den Prolegomena zur Geschichte, feststellen sollte[6].

Es gab aber auch – und auch das entspricht einer Ibn Ḫaldūnschen Erkenntnis – jenen ökonomischen Überschuss, der eine intensive Beschäftigung mit Kunst und Wissenschaften, also die Pflege von Kultur, überhaupt erst ermöglichte[7].

Der entscheidende Schritt wurde unter dem Kalifen al-Ma'mūn (813–833) getan, der eine Art Akademie gründete, das *bait al-ḥikma* oder "Haus der Weisheit" bzw. "Haus der Philosophie", das eigens dem Zweck diente, das reiche Erbe griechischer Wissenschaft endlich in arabischer Sprache zugänglich zu machen.

Die besten Spezialisten wurden eingestellt, und es beweist die Weltoffenheit dieses Kalifen, dass die meisten dieser Übersetzer Christen waren. Emissäre wurden nach Byzanz und ins Byzantinische Reich ausgesandt, um die besten griechischen Handschriften zu erwerben; auch mit dem griechischen Kaiser selber korrespondierte der Kalif. Daneben benutzte man bereits vorhandene syrische und persische Übersetzungen aus dem Griechischen.

Der berühmteste unter diesen Übersetzern am "Haus der Weisheit" war Ḥunain ibn Isḥāq, selber ein Arzt und hervorragender Galenkenner. Er beherrschte Arabisch, Persisch, Syrisch und Griechisch[8]. In seiner an einen gelehrten Freund gerichteten Epistel über die seines Wissens übersetzten sowie einige noch unübersetzte Schriften Galens nennt er nicht weniger als 129 Titel, also ein reichliches Viertel der insgesamt über 400 Schriften des griechischen Arztes. 100 davon hat Ḥunain selber ins Arabische oder ins Syrische, manchmal auch in beide Sprachen übertragen[9]. Daneben verfasste er ein umfangreiches eigenes OEuvre, darunter zwei ophthalmologische Schriften[10].

Neben Galen kannte man natürlich noch eine Reihe weiterer griechischer Ärzte aus der Antike und Spätantike und interessierte sich für ihre Abhandlungen. Allen voran ist Hippokrates zu nennen, von dessen etwa 30 als echt geltenden Schriften ein reichliches Dutzend ins Arabische übersetzt worden ist[11]. Zu nennen sind ferner Rufus von Ephesus[12], der vor allem durch seine Melancholieschrift gewirkt hat, sowie Dioskurides mit seiner grundlegenden Materia Medica[13], und aus der späthellenistischen Zeit die Ärzte Oribasius[14] und Paulus von Aigina[15], deren Kompendien übersetzt und nachgeahmt wurden.

2.

Das ist das Fundament, auf dem die arabischen Ärzte ihr eigenes Schrifttum aufbauten. Die arabische Medizin war nie etwas anderes als galenische Medizin, wollte nichts anderes sein.

Wie Muhammad im Koran das Siegel der Propheten genannt wird, so nannte man Galen das Siegel der Ärzte. Ibn Abī Uṣaibiʿa, der

Autor der bedeutendsten Sammlung von Ärzte-Biographien, die das islamische Mittelalter hervorgebracht hat, schreibt in seiner Galen-Biographie.

> "Es ist bei gross und klein in vielen Nationen wohlbekannt, dass Galen das Siegel der grossen lehrenden Ärzte war . . . und dass keiner ihm in der Heilkunst nahe-, geschweige denn gleichkommt. . . Kein Arzt ist nach ihm gekommen, der nicht im Range unter ihm stände und von ihm lernen müsste!"[16]

Kritik an Galen ist äusserst selten, und wo sie überhaupt auftaucht, ist sie immer punktuell und mit dem grössten Respekt gegenüber dem Meister verbunden[17]. Die Idee, das ganze System der Humoralpathologie in seinen Grundfesten erschüttern zu wollen, also das Schema der vier *humores,* der Säfte und der vier Qualitäten mit seinen Zuordnungen zu den vier Jahreszeiten, den Lebensaltern usw. im Ganzen in Frage stellen zu wollen, wäre niemand auch nur von ferne in den Sinn gekommen[18].

Der Beitrag der Araber zur Geschichte der Medizin liegt daher, aufs Ganze gesehen, auch nicht in aufregenden medizinischen Entdeckungen, vielmehr in der Bewahrung des Überlieferten und in der enzyklopädischen Gliederung des Stoffes, seiner systematischen Strukturierung.

Spricht man von arabischer Medizin, so denkt man denn auch in erster Linie an Namen wie Rhazes[19], Hali Abbas[20], Avicenna[21], Abulcasis[22], Averroes[23], also an Verfasser grosser medizinischer Enzyklopädien, die ins Lateinische übersetzt wurden und in Europa dann auch jahrhundertelang gewirkt haben.

Wie sehr die klare Disposition, die straffe, aller gerade bei Galen so häufigen Exkurse entledigte Darstellung beeindrucken konnte, zeigt etwa das Urteil von Wilhelm Postel, einem sprachenkundigen, orient-erfahrenen Gelehrten im Dienste des französischen Königs Franz I., der sich im damals entbrannten Disput um den Wert der arabischen Autoritäten auf deren Seite stellte: "Was du bei Avicenna auf nur 1–2 Seiten klar und einleuchtend ausgedrückt findest, das bringt Galen mit seinem Asianismus kaum in fünf oder sechs mächtigen Bänden zustande."[24]

Ein besonders typischer Ausdruck dieser auf praktische Verwendbarkeit abzielenden Prägnanz war die tabellarische Zusammenfassung medizinischen Wissens. Das berühmteste Werk dieser Art ist der "Gesundheitskalender" des Bagdader Arztes Ibn Buṭlān, der in lateinischer Sprache unter dem halb arabisch klingenden Titel "Tacuini sanitatis" bekannt und im Jahre 1533 von einem Strassburger Arzt in deutscher Übertragung veröffentlicht wurde. Der Titel dieser Übersetzung mag hier stellvertretend für jene Epoche, ihr Bemühen um das Verständnis der arabischen Medizin und für deren Fortwirken stehen:

> "Schachtafelen der Gesundheyt: Erstlich Durch bewarung der Sechs neben Natürlichen ding. II Zum Anderen durch erkanntnusz cur und hynlegung. III Zum Dritten. Aller LXXXIIII Tafelen sonderlich Regelbuch angehenckt in gemeyn und yeder dyenstlich. . . verteütscht Durch D. Michael Hero Leibarzt zu Strasszburg."[25]

Dennoch fehlt es nicht an bedeutsamen Ergänzungen im Bereich medizinischer Erkenntnis[26]. In erster Linie ist die Drogenkunde zu nennen. Nach Cäsar Dublers Untersuchungen haben die arabischen Ärzte und Drogisten das ererbte Material um ca. 500 neue Drogen erweitert[27].

Wichtige Fortschritte sind auch auf dem Gebiet der Augenheilkunde zu verzeichnen, aus verständlichen Gründen: wurden doch Ägypten und andere Länder der islamischen Welt seit je von quälenden Augenkrankheiten wie namentlich dem Trachom heimgesucht. Theorie und die grundlegenden Termini sind aber auch in diesem Fachgebiet von den Griechen entlehnt[28].

Weitere Errungenschaften liegen im Bereich der Differentialdiagnostik, d.h. der Unterscheidung ähnlicher Krankheitsbilder. So wurde dem Arzt und Alchemisten Rāzī, der überhaupt einer der grössten Empiriker des islamischen Mittelalters war, erstmals der Unterschied zwischen Masern und Pocken deutlich, und er widmete dieser Frage einen kurzen Traktat, der als ein Klassiker des medizinischen Schrifttums gilt. Der Text verrät die geistige Ahnenschaft der "Epidemien" des Hippokrates, wie das folgende Zitat verdeutlichen mag:

> "Dem Ausbruch der Pocken geht vorauf ein ununterbrochenes Fieber, Schmerzen im Rücken, ein Juckreiz in der Nase und

Angstanfälle im Schlaf. Insbesondere sind folgendes die Zeichen ihrer Anwesenheit: nämlich Schmerzen im Rücken mit Fieber; ferner Stechen, das der Erkrankte am ganzen Leibe fühlt; eine Völle des Gesichts, die zeitweise nachlässt; eine Entzündung der Farbe und heftige Rötung der Augen; Druck im ganzen Körper; häufiges Ameisenkriechen; Schmerzen im Rachen und in der Brust mit einer gewissen Beengung beim Atem und Husten; Trockenheit des Mundes, dicker Speichel, Rauhigkeit der Stimme, Kopfschmerz, Druck im Kopf, Erregung, Angst, Übelkeit, Unruhe, mit dem Unterschied, dass die Erregung, die Übelkeit und die Unruhe bei den Masern grösser sind als bei den Pocken, während die Schmerzen im Rücken bei den Pocken ärger sind als bei den Masern; Wärme und Entzündung der Farbe, Glanz und Rötung am ganzen Leibe; besonders stark ist die Rötung des Zäpfchens."[29]

Ähnlich unterschied Ibn Sina erstmals Rippenfell- und Mittelfellentzündung[30].

Bemerkenswert scheint mir auch das Verständnis für den Zusammenhang von Leib und Seele und damit die Rolle des Glaubens bei allen physiologischen Erkrankungen und Therapien. Von vielen bedeutenden Ärzten werden uns Fälle psychosomatischer Therapie berichtet, und ebenso sind uns theoretische Schriften und einzelne Aussagen über die Rolle des Glaubens bei Heilprozessen überliefert[31].

So schrieb im 9. Jahrhundert der christliche Arzt Qusṭā b. Lūqā eine Schrift, in der er Wert und Wirkung von Beschwörungsformeln und Amuletten diskutiert. Im wesentlichen beruhe, sagt Qusṭā, ihre Wirkung auf dem Glauben und der Einbildungskraft der Menschen, nicht auf der Realität okkulter oder astraler Eigenschaften, wenn er diese auch nicht völlig in Abrede stellen will[32].

Rāzī und andere Ärzte haben darauf hingewiesen, dass der Faktor des Glaubens häufig geschickt und mit Erfolg auch von Scharlatanen ausgenutzt werde. Er selber bediente sich des leibseelischen Zusammenspiels, indem er z.B. Lähmungserscheinungen durch plötzlich ausgelöste Angst, also eine Art Schrecktherapie heilte, ein Verfahren, das in ähnlicher Form auch von andern Ärzten jener Ära angewandt worden ist.

Umgekehrt behandelte man seelische Leiden, vor allem die Melancholie, stark somatisch, d.h. medikamentös[33], setzte aber daneben die Musik ein, ausgehend von der Theorie, dass jeder der zwölf klassischen Modi der arabischen Musik, der sogenannten *maqām,* in bestimmter Weise auf den Säfte- und Qualitätshaushalt des Körpers einwirke, so dass es möglich schien, durch Musiktherapie den Überschuss an schwarzer Galle, der nach antiker Theorie der Melancholie zugrunde lag, zu mindern[34].

Zwei der bedeutendsten Entdeckungen, die das islamische Mittelalter auf medizinischem Gebiet aufzuweisen hat, seien im Folgenden noch kurz erwähnt, zumal es sich in beiden Fällen auch um Korrekturen an der galenischen Lehre handelt.

Galen hatte den menschlichen Unterkieferknochen als zweiteilig betrachtet. Der ägyptische Arzt und Naturforscher ^{c}Abd al-Laṭīf al-Baġdādī (gest. 1233) entdeckte anhand von Untersuchungen an in der Nähe von Kairo aufgehäuften Skeletten, dass es sich in Wirklichkeit um einen einzigen nahtlosen Knochen handelt. Es ist aber bezeichnend, dass er mehr als 2000 Schädel untersuchte, ehe er zur Gewissheit gelangte, Galen müsse sich in diesem Punkt geirrt haben[35]. Das an dieser Stelle von ihm niedergeschriebene Prinzip: "Das Zeugnis der Sinne ist verlässlicher als die Lehren Galens" ist übrigens ganz im Sinne Galens, der es in bezug auf seine Lehrmeister ebenfalls befolgt hatte, wie wir wiederum der arabischen Galen-Biographie Ibn Abi Uṣaibi^{c}as entnehmen können[36]. Von arabischen Ärzten scheint es aber nur selten angewandt worden zu sein, und es wurden seiner Anwendung auch durch das Verbot der Leichensektion enge Grenzen gesetzt.

Schliesslich die berühmteste Entdeckung der arabischen Medizin jener Tage: die annähernd richtige Beschreibung des kleinen Blutkreislaufs, die der ägyptische Arzt Ibn an-Nafīs (gest. 1288) in seinem Kommentar zu Ibn Sinas Chirurgie gegeben hat.

Während Galen gelehrt hatte, dass das Blut von der rechten in die linke Herzkammer laufe, folgerte Ibn an-Nafīs aus der ihm bekannten Trennung der beiden Ventrikel durch eine undurchlässige Membran, dass das Blut aus der rechten Herzkammer in die Lunge treten, dort gereinigt werden und von da aus in die linke Kammer gelangen müsse[37].

Freilich, beide Entdeckungen scheinen alsbald wieder in Vergessenheit geraten zu sein und wurden erst durch die europäische Forschung erneut in Erinnerung gebracht.

Spricht man von den Leistungen der arabischen Medizin, so muss auch das Krankenhauswesen erwähnt werden. Zwar hat die islamische Kultur nicht, wie manchmal behauptet wird, die Institution des Krankenhauses begründet. Die Akademie in Gondeschapur, von der oben die Rede war, war ja mit einem Krankenhaus verbunden, das vermutlich für die dann in islamischer Zeit errichteten ersten grossen Hospitäler als Vorbild gewirkt hat. Die islamische Kultur hat aber zum Krankenhauswesen jedenfalls einen bedeutenden Beitrag geleistet, und es verdient wohl besondere Erwähnung, dass eine Reihe von Krankenhausgründungen den frommen Gelübden islamischer Herrscher entsprang[38].

3.

Wie steht es nun mit der Haltung des Islam gegenüber der Medizin? Wenn wir hier von den Befürwortern, die es natürlich auch, und vor allem in der Glanzzeit mit ihrer weithin liberalen Gesinnung gab, absehen und uns auf die Vorbehalte und Einwände frommer Kreise beschränken, so muss hauptsächlich von drei Dingen die Rede sein:

Die galenische Medizin erscheint diesen frommen Kreisen anfechtbar

1. ihres heidnischen Ursprungs wegen,
2. weil sie von Nichtmuslimen ausgeübt wurde,
3. weil sie einen Eingriff in die göttliche Vorherbestimmung darstellt.

Der Argwohn gegen den heidnischen Ursprung der griechischen Wissenschaften artikuliert sich in pietistischen Kreisen von allem Anfang an. Es war der Argwohn dessen, der seine Argumente in erster und letzter Linie nicht aus der empirischen Erfahrung und der darauf fussenden ratio bezieht, sondern aus der geoffenbarten göttlichen Weisheit.

"Wer Logik treibt, ist ein Ketzer" *(man tamanṭaqa tazandaqa)*[39] war ein in diesen Kreisen häufig zu hörendes Motto, und es richtete sich nicht nur gegen Aristoteles, den man in arabischen Texten oft einfach als den "Herrn der Logik" bezeichnete, sondern mindestens ebensosehr gegen die galenische Medizin, deren Prinzip ja im Erschliessen individueller Krankheitsverläufe und individueller Therapie aus den allgemeinen Gesetzen mit Hilfe von logischen Schlüssen bestand, weswegen Galen das Studium der Logik und der Philosophie ganz allgemein dem Arzt zur Pflicht gemacht und auch selber bekanntlich mehrere Schriften zur Logik verfasst hat[40].

Fromme Skepsis schien auch gegenüber der Überlieferung der griechischen Medizin geraten, denn die Überlieferer waren als Heiden natürlich nicht entfernt so zuverlässig wie die muslimischen Überlieferer der prophetischen Tradition.

Ähnlich gelagert ist der Einwand gegen die Medizin, sofern sie von Nichtmuslimen, also vor allem Christen und Juden, ausgeübt wird. Von Warnungen, sich von ihnen nicht Wein und andere in der Sharia verbotene Dinge verschreiben zu lassen, bis zu dem offen ausgesprochenen Verdacht, sie hätten es auf das Leben von Muslimen abgesehen, erstrecken sich die Versuche frommer Kreise, nichtmuslimischen Ärzten ihre Patienten abspenstig zu machen[41].

Solche Einwände[42] blieben freilich eine Konventikel-Angelegenheit, solange die führenden Kreise bedenkenlos sich an christliche und jüdische Ärzte wandten und mit galenischer Medizin behandeln liessen.

Und das gleiche gilt auch für den dritten Einwand, der nun die Medizin radikal, unabhängig von ihrem Ursprung und der Religionszugehörigkeit der sie Ausübenden in Frage stellte.

Die medizinische Behandlung, sagten diese Leute, ist ein unerlaubter Eingriff in die göttliche Vorherbestimmung. Besonders gepflegt wurde dieser bewusste Verzicht auf medizinische Behandlung im Namen einer an sich sehr löblichen Tugend: des Gottvertrauens. Gottvertrauen ist die Haltung, die der Koran den Muslimen vor allem ans Herz legt[43]. In Kreisen islamischer Mystiker entwickelte sich die extreme Auslegung dieser Tugend: Gottvertrauen bedeute, sich Gottes Wirken gegenüber so passiv zu verhalten wie der Tote unter den Händen des Leichenwäschers[44].

Ġazzālī, der einflussreichste Theologe des Islam (gest. 1111), behandelte die Frage des Gottvertrauens in seinem Hauptwerk, der "Wiederbelebung der Wissenschaften von der Religion", vergleichbar etwa mit Thomas von Aquins "Summa theologiae".

Er unterscheidet hier drei Arten von Mitteln:

1. sicher wirkende, wie z.B. Brot, dessen hungerstillende Wirkung unter allen Umständen eintrete;
2. mit einer gewissen Wahrscheinlichkeit wirkende Mittel, wie z.B. Arzneien;
3. nur in der Einbildung wirksame Mittel, wie z.B. magische Praktiken.

Die Benutzung sicher wirksamer Mittel ist nach Ġazzālī auch für den Gottvertrauenden obligatorisch. In die Wüste gehen und darauf warten, dass Gott einem einen Napf mit Essen vor die Nase setzt, wie manche Mystiker es als höchste Bewährungsprobe betrachteten, ist also nicht zulässig. Die Benutzung der zweiten Kategorie, also vor allem medizinischer Drogen, ist mit Vorbehalt erlaubt. Die der dritten, also magischer Praktiken, ist dagegen verboten, eine Einstellung, die sich schon zur Zeit von Ġazzālī zu ändern begann zugunsten von "erlaubter", d.h. religiöser Magie. Allerdings räumt Ġazzālī ein, dass das Leiden eine sühnende Wirkung habe, hat doch der Prophet gesagt: "Mit jeder kleinsten Verletzung, sei es auch nur durch einen Dorn, sühnt ihr eine eurer Sünden!" Verzicht auf ärztliche Behandlung aus diesem Grund ist also gestattet und sogar durchaus verdienstlich. In jedem Fall aber dürfe man sein Vertrauen nicht auf die Wirkung der Mittel setzen, so sagt Ġazzālī in offenbarem Widerspruch zu deren vorausgehender Einteilung in Kategorien, sondern allein auf den Urheber der Mittel, den Bewirker alles Geschehens, den Schöpfer[45].

Mehr noch als mit seiner Lehre vom Gottvertrauen hat Gazzali der Medizin und der naturwissenschaftlichen Forschung überhaupt den Boden entzogen mit seiner Leugnung eines rational erfassbaren Kausalgesetzes in der Natur.

Wer die Bewegung des Stoffes auf die Wellen und die Bewegung der Wellen auf den Wind zurückführt, der begeht nach Ġazzālī bereits die Sünde der Beigesellung, wie der Koran den Polytheismus bezeichnet, in dem er neben Gott andere Ursachen gelten lässt[46]. Ġazzālī, der in zwei gewichtigen Werken auch die aristotelische Philosophie und ihre muslimischen Protagonisten gezielt angegriffen und damit zum Niedergang des islamischen Aristotelismus beigetragen hat, signalisiert eine Veränderung der geistigen Landschaft; die Orthodoxie ist im Begriff, ihre Positionen zu festigen; liberale Gesinnung wird bald nicht mehr möglich sein. Ein weiteres Symptom ist die Entstehung der sogenannten Prophetenmedizin.

4.

Das Motiv für die Entwicklung der Prophetenmedizin ist also religiöser Natur. Es ging darum, für den gläubigen Muslim, der Skrupel hatte, die von Heiden stammende, von Nichtmuslimen praktizierte Medizin für sich in Anspruch zu nehmen, eine religiös akzeptable Heilpraxis zu begründen. Wo aber sollte sie herkommen?

Der Koran schweigt sich über Medizinisches aus, sieht man davon ab, dass er für Kranke gewisse Erleichterungen im Ritus vorsieht[47] und dass er den Honig einmal als Heiltrank bezeichnet[48].

Dagegen werden von Muhammad medizinische Ratschläge überliefert. Die Äusserungen und Verhaltensweisen des Propheten bilden ja für den Muslim eine wichtige, den Koran ergänzende Quelle seines Verhaltens. Im 9. Jahrhundert wurden daher diese Berichte, Hadith genannt, zu Tausenden gesammelt und in grossen Kompendien niedergelegt, deren Autorität dem Koran kaum nachstand und die das muslimische Leben und Wesen, den islamischen Menschentyp und damit seine Kultur ganz entscheidend geprägt haben.

Die wichtigste dieser Sammlungen, der Ṣaḥīḥ von al-Buḫārī, enthält 3450 Berichte oder Hadithe, darunter 80 medizinischen Inhalts, aufgeteilt in die beiden Abschnitte: "Über die Kranken" und "Über die Heilung"[49]. Neben religiösen Problemen wie die etwa der sühnenden Kraft des Leidens und neben sozialethischen wie der Frage, ob Frauen Männer besuchen und pflegen dürfen, finden sich eine Reihe rein medizinischer Ratschläge. Für deren Authentizität spricht übrigens ihr archaischer Charakter; es handelt sich, wie der schon erwähnte Ibn Ḫaldūn in seinen Prolegomena zur Geschichte sagt, bei der Prophetenmedizin um beduinische Folklore[50].

Hier einige Kostproben:

Muhammad sagte: "Die Heilung besteht in drei Dingen: ein Schluck Honig, ein Schnitt mit dem Schröpfkopf und ein Brennen mit dem Feuer; doch meiner Gemeinde verbiete ich das Brennen!"[51]

In einem andern Hadith empfiehlt Muhammad den Schwarzkümmel mit folgenden Worten: "Bedient euch dieses schwarzen Korns – es heilt alles ausser dem Tod!"[52]

Zwei Männern, die, an einer Magenverstimmung erkrankt, nach Medina kamen, gab der Prophet den Rat, von der Milch und dem Urin ihrer Kamele zu trinken. Sie taten es und fanden Heilung[53].

Weitere von Muhammad empfohlene Heilmittel sind Antimon – es fördert den Haarwuchs und schärft den Blick[54] –, der indische Kostwurz, der bei Halsschmerzen in die Nase und bei Lungenentzündung in die Ohren geträufelt werden soll und insgesamt sieben Heilwirkungen aufweist[55], und andere mehr.

Neben den teils harmlosen, teils dubiosen Medikamenten steht die religiöse Magie, *ruqan,* der Heilzauber, in Form von Bannsprüchen, die von magischen Gesten begleitet sind. Solche Bannsprüche sind z.B. die beiden letzten Suren des Korans; in der 113. wird ja Gott angerufen gegen die Frauen, die in die Knoten spucken, also Hexen.

Ruqan, Heilzauber, hilft gegen den überall drohenden bösen Blick, der auch Krankheiten verursacht; er schützt vor Schlangen und Skorpionen sowie vor Zauber im allgemeinen[56]. In diesen Umkreis gehört auch der Rat, jeden Morgen sieben Datteln einer bestimmten, *ᶜağwa* genannten Sorte zu essen; das feie den Tag über gegen Gift und Verzauberung[57].

Besonderes Kopfzerbrechen haben späteren muslimischen Gelehrten jene Hadithe bereitet, in denen die Ansteckung geleugnet wird[58]. Die islamische Welt wurde zu häufig von Pestepidemien heimgesucht, als dass man das Phänomen der Ansteckung hätte ignorieren können.

Aber noch im 19. Jahrhundert muss ein arabischer Arzt in einem für die Hohe Pforte in Konstantinopel bestimmten Gutachten über die Einführung der Quarantäne die ganze theologische Diskussion um die Ansteckung inklusive aller dazu überlieferten Hadithe aufrollen, um nach einem langen Referat zum Schluss zu kommen, dass bei richtiger Interpretation nichts gegen die Einführung dieser bei den Franken seit langem erfolgreich praktizierten Massnahme spreche[59].

Welche Wirkungen hat die Prophetenmedizin ansonsten gezeitigt? Sie hat in einem freilich sich über Jahrhunderte hinziehenden Prozess die galenische Medizin teils verdrängt, teils so durchdrungen, dass das einst auf rationalem Argumentieren, auf dem Glauben an die in der Natur waltende Kausalität beruhende System in eine magisch durchwachsene islamische Heilpraxis verwandelt wurde.

Lassen Sie mich anhand einiger Beispiele Stationen dieser Entwicklung aufzeigen.

Schon im 9. Jahrhundert betrachtet Aḥmad ibn Ḥanbal, der Gründer der vierten und strengsten der vier islamischen Rechtsschulen, religiöse Therapie mit Hilfe von Buchstabenzauber, wie sie heute noch in der islamischen Welt praktiziert wird, als legal[60]. (Nebenbei gesagt, gab es ähnliche Praktiken auch im christlichen Abendland, wie sich Gotthelfs Roman "Annebäbi Jowäger" entnehmen lässt!)

Vom 12. Jahrhundert ab dringt die Prophetenmedizin in die wissenschaftliche Medizin ein, und es erscheinen in Werken einzelner Autoren – allerdings sind dies in der Regel nicht Ärzte, sondern Rechtsgelehrte oder Enzyklopädisten – Kapitel, die früher in keinem seriösen Werk über galenische Medizin Eingang gefunden hätten, wie z.B. "Der Heilzauber für den Kranken und das Beten für ihn und seine Seele", "Amulett-Aufschriften gegen Fieber und Schmerzen", "Der böse Blick und seine Bannung" – so die Überschriften der Kapitel 58–60 in einem medizinischen Werk des bekannten Polyhistors Ibn al-Ǧauzī, der im 13. Jahrhundert schrieb[61].

Und zwei Jahrhunderte später konstatiert ein ebenfalls sehr bekannter Polyhistor, der Ägypter as-Suyūṭī, in einem Werk über Prophetenmedizin die Übereinstimmung von galenischer und prophetischer Medizin bzw. Heilzauber mit den Worten: "Das Rezitieren von Beschwörungsformeln und das Tragen von Amuletten ist genauso eine Form, zur Sicherung der Gesundheit bei Gott Zuflucht zu suchen, wie die medizinische [d.h. galenische] Therapie."[62]

Engagierte Vertreter der Prophetenmedizin wollten sich freilich mit der Gleichberechtigung beider Systeme nicht begnügen, vielmehr die galenische Medizin der prophetischen unterordnen. Dies kommt in einer Reihe von Berichten zum Ausdruck, die teils anekdotischen Charakter haben, was aber ihren kulturhistorischen Aussagewert keineswegs mindert.

So soll sich folgender Dialog zwischen einem christlichen Arzt und einem frommen Beamten des Kalifen Harun al-Rashid zugetragen haben: Der Arzt fragt den Beamten: Gibt es in eurem Buch nichts über Medizin, da doch das Wissen zweierlei Wissen umfasst, Wissen vom Körper und Wissen vom Glauben? Er sprach: Doch! Gott hat die ganze Medizin in einem halben Koranvers vereinigt! Nämlich?, fragte der Arzt. – "Esset und trinket, ohne auszuschweifen!" (Sure 7,31). Der Arzt fragt weiter: Aber von eurem Propheten ist nichts über Medizin überliefert? Und der Beamte antwortet: O doch! Er hat die Heilung in leichtverständliche Worte gekleidet. – Und die lauten? Der Beamte führt nun zwei bekannte Hadithe mit diätetischen bzw. hygienischen Vorschriften an: "Der Magen ist der Krankheit Zelt, die Vorsicht [*ḥimṛa* = Diät, Prophylaxe] der Krankheit vorangestellt!" Und: "Gib jedem Körper das, woran du ihn gewöhnt hast!" Worauf der Arzt ausruft: "Euer Buch und euer Prophet haben da für Galens Medizin keinen Bedarf mehr gelassen!"[63]

In einer andern Version der gleichen Anekdote ist der Arzt sogar so beeindruckt, dass er sogleich zum Islam übertritt[64].

Eine weitere solche Erzählung berichtet von einem muslimischen Arzt, der die Richtigkeit eines medizinischen Prophetenausspruchs – der sich allerdings in den klassischen Hadith-Sammlungen nicht findet – bezweifelt, nämlich dass, wer sich am Samstag zu Ader lasse, von Aussatz befallen werde. Er liess sich also am Samstag zu Ader, wurde prompt von Aussatz befallen und fand nur dadurch Heilung, dass er den ihm im Traum erscheinenden Propheten um Vergebung bat[65].

Solche Geschichten illustrieren auf sinnfällige Weise, was sich vollzogen hat: Die Entthronung der ratio durch den Glauben, die Unterordnung antiker Autoritäten unter die des Korans, des prophetischen Erbes. Die Prophetenmedizin überwand ihr anfängliches pietistisches Gepräge, reicherte sich mit galenischem Wissen an und wurde allmählich hoffähig. Die Phasen dieser Entwicklung können hier nicht im einzelnen dargestellt werden und bedürfen auch noch weiterer Erforschung. Wohin sie aber in letzter Konsequenz führen konnte, möge ein Bericht des deutschen Orientreisenden Georg Ebers beleuchten, der in der zweiten Hälfte des 19. Jahrhunderts Kairo besuchte und das Manṣūrī-Hospital, einst eines der glänzendsten Zentren mittelalterlicher Heilkunst, wie folgt beschreibt:

> "Das nach ihm [Mansur] benannte Krankenhaus liegt im nordöstlichen Stadtviertel in der Nähe des Bazars der Kupferschmiede, die man in den verlassenen Räumen dieses bedeutenden Gebäudes bei der Arbeit sehen kann. Es ist heute zu einer elenden Ruine herabgesunken. Nur das Grab des Gründers, ein schöner Bau von grosser Wirkung, an welchem einst 50 Koranlehrer angestellt waren, wird vor dem Verfall bewahrt. Die Kranken kommen dorthin, um die Reliquien des Sultans zu besuchen und durch die Berührung seines Turbans ihr Kopfweh, durch die Berührung seines Kaftans ihre Wechselfieber zu heilen. Donnerstag versammeln sich dort gewöhnlich die jungen Frauen und Mütter mit ihren Kindern. Die einen erflehen vor der prächtigen, steinernen Nische männliche Nachkommen, die andern erbitten sich Segen für ihre Kinder. Wem es gelingt, die Frauen bei der Devotion vor diesem heiligen Ort zu beobachten, wird ein höchst seltsames Schauspiel erblicken: Sie legen ihre Untergewänder ab, bedecken ihr Gesicht mit beiden Händen und springen von einer Seite der Nische zur andern, bis sie vor Erschöpfung niedersinken. Nicht selten sieht man sie dann lange Zeit auf den Fliesen hingestreckt liegen, bevor sie aus ihrer Ohnmacht erwachen und die Kraft finden, sich zu erheben."[67]

Nun muss ich jedoch zwei Missverständnissen vorbeugen: Es ist nicht meine Absicht, den Islam pauschal als wissenschaftsfeindlich hinzustellen, und ich bürde die Schuld am Niedergang der galenischen Medizin nicht allein der Prophetenmedizin auf. Jede Religion trägt in sich mehrere Möglichkeiten der Verwirklichung. Und dass der Islam nicht notwendig wissenschaftsfeindlich ist, hat er in seiner kulturellen Glanzzeit, die immerhin mehr als ein halbes Jahrtausend währte, bewiesen. Dass aber eine solche Tendenz in ihm angelegt war, geht aus zahllosen Quellenzeugnissen eindeutig hervor.

Gewiss ist richtig, dass auch im christlichen Abendland die Wissenschaften bis vor wenigen Jahrhunderten unter kirchlicher Bevormundung standen. Ein Unterschied bestand aber frühzeitig darin, dass es in der islamischen Welt keine Universitäten im eigentlichen Sinn, also freie Bildungsstätten der verschiedenen, auch säkularen Wissenschaften, gegeben hat. Die einzigen öffentlichen Hochschulen waren die Medresen, d.h. religiös-theologische, immer mit Moscheen gekoppelte Lehrstätten, an denen nur ausnahmsweise auch säkulare Wissenschaften betrieben wurden. Medizin unterrichtete man an Krankenhäusern und in privaten Zirkeln in den Häusern einzelner angesehener Ärzte.

Was aber den Niedergang der galenischen Medizin in nachklassischer Zeit betrifft, so sind neben der Prophetenmedizin andere Gründe anzuführen. Ich denke vor allem an den stark spekulativen Charakter der Humoralpathologie einerseits und an die damit eng verknüpfte Neigung zur dogmatischen Erstarrung. An der Richtigkeit der galenischen Lehre prinzipiell zu zweifeln, wäre ein Sakrileg gewesen, das sich kein arabischer Arzt erlauben konnte, das aber den meisten wohl auch gar nicht in den Sinn kam[68]. Und das Fehlen technischer Hilfsmittel wie des Mikroskops, ebenso das Verbot der Leichensektion verhinderten auch, dass solche Zweifel aufkamen.

Entscheidend aber war doch wohl, dass die islamische Kultur insgesamt nach der klassischen Zeit ihrer Hochblüte eine Wende erlebte, eine andere, spezifisch islamische Richtung einschlug. Die Prophetenmedizin bildet nur einen Aspekt dieser sich in nachklassischer Zeit durchsetzenden Geistigkeit. Es handelt sich um eine allgemeine und bewusste Abkehr des islamischen Denkens von den säkularen und eine Hinwendung zu den religiösen Disziplinen, auch von der ratio zum Gefühl. Dichtung und Miniatur, Kalligraphie und Architektur entfalteten einige ihrer schönsten Blüten in jener Epoche, die wissenschaftlich kaum mehr grosse Leistungen aufzuweisen hat. Es kann also nicht einmal von einem Niedergang islamischer Kultur geredet werden, jedenfalls bei weitem nicht für alle Bereiche, sondern nur von einer Veränderung des geistigen Klimas.

Diese Veränderung des geistigen Klimas hatte ein dem abendländischen Fortschrittsideal entgegengesetztes Prinzip zum Leitbegriff erhoben: nicht Fortschritt, Dynamik, innere und äussere Unrast, sondern Harmonie, Ausgewogenheit, Seelenfrieden. Das aus der griechischen Antike stammende Ideal der *symmetria*, das ein Leitbegriff schon der hippokratischen Medizin und dann der aristotelischen Ethik war, verquickte sich, so scheint es, mit der im Koran genannten Gabe der Seelenruhe, *sakīna*, die Gott den Gläubigen schenkt[69]. Angestrebt wurde ein In-Harmonie-Sein mit dem Kosmos, und der Weg zu dieser Harmonie führte religiös über die Mystik, wissenschaftlich über die Geheimwissenschaften, namentlich Magie, Alchemie, Astrologie. Von ihnen waren die islamischen Wissenschaften auch bei ihren grössten und rationalsten Vertretern nie ganz frei, wie Manfred Ullmann in seinen Standardwerken gezeigt hat; sie schossen aber erst in der nachklassischen Zeit üppig ins Kraut, zumal die Magie, von deren Verflechtung mit Medizin unter dem Etikett der Prophetenmedizin wir gesprochen haben.

Schliesslich noch ein Letztes. Unsere Zeit hat ein neues Bewusstsein dafür entwickelt, oder sie ist zumindest in einem Prozess des Umdenkens begriffen, der Rückbesinnung darauf, dass in der Medizin, wie überhaupt in allen Disziplinen, die mit dem Menschen, seiner Erziehung, seiner Gesundheit, seiner Kunst, seiner Politik zu tun haben, die ratio alleine nicht genügt. Dass dem Faktor des Irrationalen, des Glaubens also u.a., eine beträchtliche Rolle zukommt, dass aber vor allem in der Heilkunst dieser Faktor sich nicht ausklammern lässt, weshalb man immer wieder erstaunlichen Erfolgen sogenannter Heiler und ebenso unerklärlichem Versagen schulmedizinischer Therapien begegnet. Galen selber hatte diesen Faktor des Glaubens bereits in Rechnung gestellt und gelegentlich therapeutischen Nutzen daraus gezogen. Und der oben mehrfach genannte arabische Autor Ibn Abi Uṣaibiᶜa berichtet in seiner umfangreichen, aus vielen Quellen kompilierten Galen-Biographie, dass der griechische Lehrmeister Patienten, deren Leiden er mit seiner Kunst nicht beizukommen vermochte, ins Asklepieion zu schicken pflegte, in die Behandlung einer theurgischen Medizin, denn, so sagte Galen: die göttliche Medizin verhalte sich zu seiner wie diese zur Quacksalberei[70]. Ein bemerkenswerter Satz, der wie die galenische Beglaubigung für die Entwicklung der Prophetenmedizin aussieht. Tatsächlich finden wir denn auch in einem – hier schon mehrfach zitierten – prophetenmedizinischen Werk des 14. Jahrhunderts genau diesen Satz in entsprechender Abwandlung: Die Prophetenmedizin verhält sich zur galenischen wie diese zur Quacksalberei[71].

Letzten Endes war das nur die Konsequenz einer Glaubenshaltung, die im Wesen des Religiösen begründet liegt – eine anthropologische Konstante, darf man wohl sagen –, die im christlichen Bereich noch in neuerer Zeit zu einer Erscheinung wie der Christian Science geführt hat. Heilen durch Handauflegen – läge es nicht in der Logik des Glaubens, dass alle Christen sich diese Haltung zu eigen machten? Tatsächlich aber schrecken die meisten vor dieser riskanten Konsequenz doch zurück, so wie auch viele Muslime lieber der galenischen Medizin vertrauten und die Kritik der Frommen, die uns in prophetenmedizinischen Werken begegnet, wohl achselzuckend in Kauf nahmen. Schliesslich konnte man, auch als Gottvertrauender, Ġazzālī zufolge davon ausgehen, dass die Medizin zu jenen Mitteln zähle, deren Wirkung zwar nicht so gewiss wie die hungerstillende Wirkung des Brotes, aber doch wahrscheinlich sei, und die man darum, vorausgesetzt, man bleibe sich bewusst, dass die Wirkung in jedem einzelnen Fall von Gottes Willen abhängt, getrost benutzen dürfe.

So steht die Medizin wie kaum eine andere Disziplin im Spannungsfeld von ratio und Irrationalem, von Vernunft und Glauben. Ihr Schicksal im Islam erweist sich als ein Schulbeispiel anthropologischer und kultureller Zusammenhänge.

Anmerkungen

1 Ich denke an Darstellungen von A. Khairallah, S. Hunke u.a.

2 Nach dem arabischen Zitat bei Goldziher, Stellung 6.

3 Zum Vorgang vgl. u.a. die Darstellungen bei O'Lacey, De Leary, Ullmann, Klein-Franke u.a.

4 Sezgin, Geschichte des arabischen Schrifttums (= GAS), III, 174f.

5 Über die Stadt Gondeschapur und die dortigen wissenschaftlichen Einrichtungen vgl. den Artikel in der Encylopedia of Islam, Second Edition (= EI^2).

6 Muqaddimah II, 373f.

7 ibid. II, 351f.; 434.

8 Über Ḥunain vgl. G. Strohmaier in EI^2.

9 Die Schrift wurde von Bergsträsser ediert und übersetzt; vgl. ausserdem Ullmann, Medizin im Islam (= MI) 35–68; Sezgin III, 68–150.

[10] MI 115–119 und 205f.
[11] MI 25–35; GAS III, 23–47.
[12] MI 71–76; GAS III, 64–68.
[13] MI 257–263; GAS III, 58–60.
[14] MI 84–84; GAS III, 152–154.
[15] MI 86–87; GAS III, 168–170.
[16] Ibn abi Uṣaibiᶜa, ed. Müller I,71, ed. Beirut 109.
[17] Vgl. Bürgel, Averroes "contra Galenum" 276–290.
[18] Zum Viererschema vgl. die Arbeit von E. Schöner.
[19] Abū Zakariyā' ar-Rāzī (gest. 925), MI 128–136; GAS III, 274–294.
[20] ᶜAlī ibn al-ᶜAbbās al-Maǧūsī (gest. Ende 10. Jh.), MI 140–146; GAS III, 320–322.
[21] Ibn Sīnā (gest. 1038), MI 152–156.
[22] Abu l-Qāsim az-Zahrāwī (gest. um 1009), MI 149–151; GAS III, 323–325.
[23] Ibn Rušd (gest. 1198), MI 166–167.
[24] Klein-Franke, Vorlesungen 106.
[25] MI 158.
[26] Umfangreichste Zusammenstellung (nach Autoren) bei Sarton, Introduction.
[27] Dubler 345.
[28] MI 204.
[29] ar-Rāzī/Opitz 14; MI 133.
[30] Sarton I, 710.
[31] Bürgel, Psychsomatic Methods of Cures.
[32] Thorndike I, 652–657; MI 127.
[33] Vgl. Bürgel, Der Mufarriḥ an-nafs.
[34] Diesen Aspekt behandle ich ausführlich in dem Kapitel "Music – Food of the Soul" in meinem bei der New York University Press in Druck befindlichen Buch "The Feather of Simurgh".
[35] Bürgel, Averroes "contra Galenum" 279f.
[36] "Er begnügte sich nie mit (blosser) Nachahmung ohne direkte Überprüfung (am Kranken) (mubāšara)" ed. Müller I, 82: "ich behaupte nichts – und lüge nicht – ausser, was ich mit eigenen Augen gesehen und selbst nachgeprüft habe" (ibid. I, 83).
[37] MI 175.
[38] Die grundlegende Arbeit über Krankenhäuser in der islamischen Welt ist noch immer die von Issa-Bey.
[39] Goldziher, Stellung 14.
[40] Klein-Franke 87f.
[41] Diese Argumente bringt u.a. as-Surramarrī in seinem Werk Šifā' al-ālām fī

ṭibb ahl al-Islâm ("Heilung der Schmerzen – Medizin für die Muslime") aus dem 14. Jahrhundert, Mskr. Fatih 3584, fol. 12b.

42 Ausführlicher gehe ich auf diese Frage im Kapitel "Die Islamisierung der Medizin" in meiner unveröffentlichten Habilitationsschrift "Studien zum ärztlichen Leben und Denken im arabischen Mittelalter" (Göttingen 1968) ein.

43 Zum Beispiel Sure 3, 122 "Auf Gott sollen die Gläubigen vertrauen" u.ö. (Kairiner Zählung).

44 Vgl. B. Reinert, Die Lehre vom tawakkul 90–100; *tark at-tadāwī* (Unterlassen medizinischer Behandlung) 207–216.

45 al-Ġazzālī/H. Wehr 50ff.

46 al-Ġazzālī, Ihyā' ᶜulūm ad-dīn IV, 307.

47 Sure 2, 184–185; 2,196; 4,43; 4,102; 5,6; 9,91; 24,61; 48,17; 73,20.

48 Sure 16,69.

49 Ṣaḥīḥ al-Buḫārī VII, kitāb al-marḍā 99–106; kitāb aṭ-ṭibb 106–121.

50 Muqaddimah III, 150.

51 ṭibb,bāb 3.

52 ṭibb,bāb 7.

53 ṭibb,bāb 5+6.

54 ṭibb,bāb 18.

55 ṭibb,bāb 9+10.

56 ṭibb,bāb 32f.

57 ṭibb,bāb 52.

58 ṭibb,bāb 19, 53+54.

59 Nach persönlichen Studien an Istanbuler Manuskripten.

60 Elgood 155.

61 In der Prophetenmedizin des Surramarrī; vgl. Dietrich 112.

62 Elgood 154.

63 Mskr. Nuruosmaniye 4546, prophetenmedizinisches Werk eines gewissen ᶜUmar ibn Ḫiḍr aṣ-Ṣūfī, Anfang.

64 Dietrich 118f.

65 Bachmann 33.

66 Ende des 15. Jahrhunderts widmete der am Saray in Konstantinopel tätige Arzt ᶜAṭufī al-Marzubānī sein prophetenmedizinisches Werk Rauḍ al-insān fī tadābīr al-abdān dem osmanischen Sultan Bayazid II.; Brockelmann, GAL, S II, 639.

67 Nach der französischen Übersetzung bei Issa-Bey. Der deutsche Originaltext ist mir nicht zugänglich. Vgl. auch E.W. Lane, Cairo Fifty Years Ago, London 1896, 92–94.

[68] Vom 17. Jahrhundert an gibt es allerdings auch erste Anzeichen für ein Eindringen europäischer medizinischer Vorstellungen in die islamische Welt, so etwa der auf den drei Substanzen Salz, Quecksilber und Schwefel aufbauenden Lehre des Paracelsus, MI 182f.

[69] Sure 48,4.

[70] Ibn abi Uṣaibiᶜa ed. Müller I,14 = ed. Beirut 30.

[71] Dietrich 117.

Literaturverzeichnis

Bachmann, Peter, Zum Medizin-Kapitel des Buches 'al-Baraka' von al-Habašī. In: Medizinhistorisches Journal 3 (1968), 28–39.

al-Buḫārī, Sahih, ed. M.A. Ibrahim, Kairo 1376/1956. Bürgel, J. Christoph, Die Medizin im Kräftefeld der islamischen Kultur. In: bustan 8 (1967), 1. Heft, 9–19.

–, Averroes "contra Galenum". Das Kapitel von der Atmung im Colliget des Averroes als ein Zeugnis mittelalterlich-islamischer Kritik an Galen. Eingeleitet, arabisch herausgegeben und übersetzt (Nachrichten der Akademie der Wissenschaften in Göttingen, I. Philologisch-historische Klasse, Jahrgang 1967, Nr. 9), Göttingen 1968.

–, Der Mufarriḥ an-nafs des Ibn Qāḍī Baᶜalbakk, ein Lehrbuch der Psychohygiene aus dem 7. Jahrhundert der Hiǧra (Proceedings of the VIth Congress of Arabic and Islamic Studies – Kungl. Vitterhets Historie och Antikvitets Akademien – Filologisk-filosofiska serien 15), Stockholm 1972, 201–212.

–, Psychosomatic Methods of Cures in the Islamic Middle Ages. In: Humaniora Islamica 1 (1973), 157–172.

–, Dogmatismus und Autonomie im wissenschaftlichen Denken des islamischen Mittelalters. In: Saeculum 23 (1972), 30–46.

–, Secular and Religious Features of Medieval Arabic Medicine. In: Asian Medical Systems: A Comparative Study, ed. Charles Leslie, Univ. of California Press 1976, 44–62.

–, Islamisches Mittelalter. In: Krankheit, Heilkunst, Heilung, hrsg. H. Schipperges, E. Seidler, P.U. Unschuld (Veröffentlichungen des Instituts für historische Anthropologie, Band 11), Freiburg i.Br. und München 1978, 271–302.

–, Pathology in Arabic Medicine: A view on its ideological and anthropological setting. In: History of Pathology (Proceedings of the 8th International Symposium on the Comparative History of Medicine – East and West), ed. by Teizo Ogawa, Tokyo 1986.

Dietrich, Albert, Medicinalia Arabica. Studien über arabische medizinische Handschriften in türkischen und syrischen Bibliotheken (Abhandlungen der Akademie der Wissenschaften in Göttingen, Philologisch-historische Klasse, Dritte Folge, Nr. 66), Göttingen 1966.

Dubler, Cäsar, Die "Materia Medica" unter den Muslimen des Mittelalters. In: Sudhoffs Archiv 43 (1959), 329–350.

Elgood, Cyril, Tibb ul-Nabbi (sic) or Medicine of the Prophet. In: Osiris 14 (1962), 33–192.

al-Ġazzālī, Iḥya' ᶜulum ad-din, Kairo 1387/1968.

–, Al-Ġazzālī's Buch vom Gottvertrauen. Das 35. Buch des Iḥyā' ᶜulūm ad-dīn, übersetzt und mit Einleitung und Anmerkungen versehen von H. Wehr (Islamische Ethik IV), Halle 1940.

Ḥunain ibn Isḥāq, Risālat Ḥunain ibn Isḥāq ilā ᶜAlī ibn Yaḥyā fī ḏikr mā turǧim min kutub Ǧālīnūs, ediert und übersetzt von G. Bergsträsser = Ḥunain ibn Isḥāq über die syrischen und arabischen Galenübersetzungen (Abhandlungen für die Kunde des Morgenlandes 17,2), Leipzig 1925.

Khairallah, Amin A., Outline of Arabic Contributions to Medicine and Allied Sciences, Beirut 1946.

Klein-Franke, Felix, Vorlesungen über die Medizin im Islam (Sudhoffs Archiv, Beiheft 23), Wiesbaden 1982.

Ibn abi Uṣaibi'a, ᶜUyūn al-anbā' fī ṭabaqat al-aṭibbā', ed. A. Müller, Königsberg und Kairo 1884; Nachdruck Beirut 1965.

Ibn Ḫaldūn, The Muqaddimah. An Introduction to History. Translated from the Arabic by Franz Rosenthal, Second Edition (Bollingen Series XLIII), 1–3, Princeton 1967.

Issa-Bey, Ahmad, Histoire des Bimaristans (hôpitaux) à l'époque islamique. In: Comptes Rendus du Congrès International de Médecine et d'Hygiène Tropique, vol. 2, Kairo 1929, 81–209.

ar-Rāzī, Abū Zakariyā', Über die Pocken und die Masern, übersetzt von Karl Opitz (Klassiker der Medizin 12), Leipzig 1911.

Reinert, Benedikt, Die Lehre vom tawakkul in der klassischen Sufik (Studien zur Sprache, Geschichte und Kultur des islamischen Orients, Neue Folge Band 3), Berlin 1968.

Sarton, George, Introduction to the History of Science, 5 Bde., Baltimore 1927–1948.

Schöner, Erich, Das Viererschema in der antiken Humoralpathologie (Sudhoffs Archiv, Beiheft 4), Wiesbaden 1964.

Sezgin, Fuat, Geschichte des arabischen Schrifttums, Band III: Medizin – Pharmazie – Zoologie – Tierheilkunde bis ca. 430 H., Leiden 1970.

Thorndike, Lynn, A History of Magic and Experimental Science During the First Thirteen Centuries of Our Era, 1–8, London and New York 1923–1958.

Ullmann, Manfred, Die Medizin im Islam (Handbuch der Orientalistik, Erste Abteilung, Ergänzungsband VI, 1), Leiden 1970.

Quadratic Equations in Arab Mathematics

Yvonne Dold-Samplonius

Although it was already known in Babylonian times how to solve quadratic equations, the first systematic treatises on the subject were written in the 9th century by Arab mathematicians: Sind ibn 'Alī, Ibn Turk, and Muḥammad ibn Musa al-Khwārizmī (born ca. 783, died after 847). Ibn Turk and al-Khwārizmī probably based themselves on the same sources or oral tradition, as they carried out the same kind of geometrical illustration and even used the same example for type V. The treatises by Sind ibn 'Alī and Ibn Turk were apparently not so widely spread. Sind ibn 'Alī's treatise "Algebra" is thought to be extant. It is, however, not accessible for the moment, and its exact location is not even clear. It may still be in Aleppo (in private hands), or it may have gone to the Vatican Library. Ibn Turk's treatise is only partly extant. The two existing copies contain the same part "Logical Necessities in Mixed Equations" of the treatise "Algebra" and probably go back to a common origin. Al-Khwārizmī's "Compendium of Algebra" became the standard text, and traces of it are still found in the works of al-Kashī, Leonardo Pisano, and Girolamo Cardano. During this long period the algebraical solution remained virtually the same. But starting with al-Khwārizmī's immediate successors the geometrical demonstration was improved and became more refined with time.

As Arab mathematicians did not allow negative coefficients in algebraic equations, a system of standard forms was developed.

Equations were reduced to these standard forms by means of a series of operations, the four most common being: "Jabr" (= completion, restoration), effected by adding the same amount to both sides of an equation; "Muqābala (= posing opposite, comparison), effected by subtracting the same amount from both sides of an equation; "Radd" (= reducing, returning), effected by dividing by the coefficient (c, $c>1$) of the highest power of the unknown; and "Ikmāl", or "Takmīl" (= completion), effected by multiplying with the inverse of the coefficient (c, $0<c<1$) of the highest power of the unknown. The words "Jabr wa Muqābala" mean a series of operations as well as the science Algebra.

Example: $3x^2 + 20x - 19 = x^2 + 59$.

With the operation "Jabr" we get $3x^2 + 20x = x^2 + 78$,

now we apply "Muqābala" to obtain $2x^2 + 20x = 78$,

and with "Radd" we come to the standard case $x^2 + 10x = 39$.

For the quadratic equation six standard forms were needed: three simple ones

I $cx^2 = bx$, II $cx^2 = a$, III $bx = a$,

and three compound ones

IV $cx^2 + bx = a$, V $cx^2 + a = bx$, VI $bx + a = cx^2$.

As symbols were not yet invented, everything had to be expressed in words! (see Figure 1)

Al-Khwārizmī explains in the introduction to his "Algebra", written on the special request of the caliph al-Ma'mun (813–833), that this work is confined "to what is easiest and most useful in arithmetic, such as men constantly require in cases of inheritance, legacies, partition, lawsuits, and trade, and in all their dealings with one another, or where the measuring of lands, the digging of canals, geometrical computation, and other objects of various sorts and kinds are concerned". Only its first part deals with solving quadratic equations. To illustrate case IV al-Khwārizmī treats the numerical examples:

$x^2 + 10x = 39$, $2x^2 + 10x = 48$, and $\frac{x^2}{2} + 5x = 28$.

The first of these becomes the standard example for $cx^2 + bx = a$. The same example is continuously found in the "Algebra" by Abū Kāmil, in the two treatises by al-Karajī, in 'Umar al-Khayyām's "Algebra", as well as in the "Compendium on Algebra" by Ibn Badr and Leonardo Fibonacci's "Liber Abaci". By using the same example the result was known and the method was emphasized.

To avoid misunderstandings al-Khwārizmī formulates the examples twice. Thus it reads for $x^2 + 10x = 39$: A square and ten of its roots equal thirtynine dirhems, which means, which square when you add to it an equivalent of ten roots amounts altogether to thirtynine?

Solution: $x^2 + 10x = 39$
halve the coefficient of x, $10 : 2 = 5$,
square this and add it to the number, $5^2 + 39 = 64$,
extract the root and subtract from it half the coefficient of x,
$x = \sqrt{64} - \frac{10}{2} = 8 - 5 = 3$, and $x^2 = 9$.

In early Arab algebra the solution of the square is always given. The second, negative solution, $x = -8 - 5 = -13$, is not acknowledged by Arab mathematicians.

To explain why in case IV to VI the coefficient of x, b, has to be halved, al-Khwārizmī adds geometrical figures and thus makes his method plausible.

In the same century Thābit ibn Qurra (ca. 830–901) produces real geometrical proofs by means of Euclid II,5 and II,6 respectively in his treatise "On the Verification of Problems in Algebra by means of Geometrical Proofs". By confronting the successive steps in the algebraical solution and the geometrical proof he shows the "algebraists" that the two procedures amount to the same.

In Abū Kāmil's (ca. 850–930) "Algebra" both influences are present. He bases himself explicitely on al-Khwārizmī in the algebraical solutions, quoting him several times. The geometrical proofs, however, proceed like the ones by Thābit ibn Qurra. Neither is Thābit cited, nor is Euclid's exact theorem given, only Euclid, Book II. New in this treatise is a direct solution for x^2 plus its geometrical proof. This proof, in which x^2 is assumed to be a line-segment, is for case IV again based on Euclid II,6. Later on, I will

Figure 1.

On this page of the ms. "Kitab al-Fakhri" by al-Karajī the direct solution of x^2 for the equation $x^2 + 10x = 39$ is treated. No symbols or algebraical notations, only words!

come back on the ambiguity of encountering x^2 in the same proof as a line-segment as well as a surface.

A further development brings al-Karajī's (end of 10th c./beginning of 11th c.) treatise on algebra "Kitāb al-Fakhrī". He also solves the quadratic equations in his "Adequate Book on Arithmetic" (Kitāb al-Kāfī), where only one solution, the purely arithmetical completion to a square, is shown without a geometrical proof. This is possibly due to the practical nature of "Al-Kāfī", explicitely stated in the introduction. A comprehensive treatment of the quadratic equations is found in al-Karajī's algebraical treatise, "Kitāb al-Fakhrī". Besides the somewhat polished contents of Abū Kamīl's Algebra and the solution found in al-Kāfī, here called "Diophantine", new material occurs. Al-Karajī solves the quadratic equations without transforming the coefficient of x^2 into 1. This is probably due to the influence of Diophantus' "Algebra", which has been translated into Arab in the 10th century. The basic theorems for the geometrical proofs are again Euclid II,5, respectively Euclid II,6.

'Umar al-Khayyāmī (1048[?] – 1131[?]) is best known in the West for his collection of poems, the "Rubāyyāt". E. Fitzgerald translated these quatrains from Persian into English around the middle of the last century and made them world-famous. In the East al-Khayyām is more famous as a scientist. All his scientific works are written in the Arab language. Al-Khayyām's "Algebra" is a systematic treatise on solving cubic equations, thus it contains twentyfive cases. Case VII deals with the equation $x^2 + bx = a$, which is not formulated in the general form but only as the numerical example," a square and ten roots are equal to thirtynine in number". Al-Khayyām expresses the algebraical solution, corresponding to the one by al-Khwārizmī, in general words without computing the square after finding the root. He then adds: "As far as the coefficients are concerned two conditions are necessary; the first of these is that the number of roots be even, in order that there be a half, and secondly that the total of the square of half the coefficient of the roots and the number be a square". However, neither condition is necessary. It is difficult to understand what made al-Khayyām put down the first condition. Already in al-Khwārizmī's treatise the equation

$2x^2 + 10x = 48$ is reduced to $x^2 + 5x = 24$ and then solved. The second condition though makes sense for a medieval Arab mathematician, who wants a positive and rational solution. Stating that "the arithmetical proof is easy and conform to the geometrical proof", the treatise continues with three geometrical proofs.

From the 12th century on we have to distinguish between an eastern and a western line in the development of Arab science. Of the eastern mathematicians al-Samaw'al (ca. 1180) and al-Kāshī (died 1429) are the most outstanding ones. In the western Arab tradition a culmination is reached in the work of Ibn al-Bannā' (1256–1321).

Al-Samaw'al's "Dazzling Book on Arithmetic" represents a remarkable development of the work of his predecessors, especially al-Karajī. The work consists of four parts or books, as the Arabs say. The treatment of the six standard cases for the quadratic equation is found in book II. For the three compound cases al-Samaw'al first explains the operations "radd" and "ikmāl", which for him amount to about the same (compare with the beginning). This modern understanding is here found for the first time. After the solution in general terms an example follows. The first example for case IV, $x^2 + 6x = 27$, is solved by the standard method. In the geometrical proofs his approach is more algebraic than that of his predecessors. Both al-Samaw'al and al-Karajī continue with the general solution in case we do not want to transform the coefficient of x^2 to 1. Al-Samaw'al illustrates this with the example $6x^2 + 8x = 40$.

$$\text{Solution: } x = \frac{-\,^8/_2 + \sqrt{(^8/_2)^2 + 6 \text{x} 40}}{6} = 2.$$

The difference in the geometrical proofs by al-Samaw'al and al-Karajī for this special case results partly from the difference in the preceding proofs, where the coefficient of x^2 equaled 1. Partly it seems that al-Samaw'al prefers algebra using "ratio" instead of "parallel lines". This preference also follows from al-Samaw'al's remark that "this course of action is similar, when $cx^2 + bx = a$, with $0 < c < 1$, and its proof is as the proof of this proposition". Al-Karajī, on the contrary, found it necessary to explain the latter case by means of another example, $\frac{1}{2}x^2 + 2x = 6$, giving again a complete geometrical demonstration.

The last example for case IV is: to find the solution for x^2 without solving x first, when $x^2 + 10x = 39$.

It is interesting, that only here the al-Khwārizmīan standard example occurs. Exactly the same happens in case VI. The standard example for case V turns up only indirectly in a problem. In the following geometrical demonstration al-Samaw'al mentions for the first time explicitely the application of Euclid II,6.

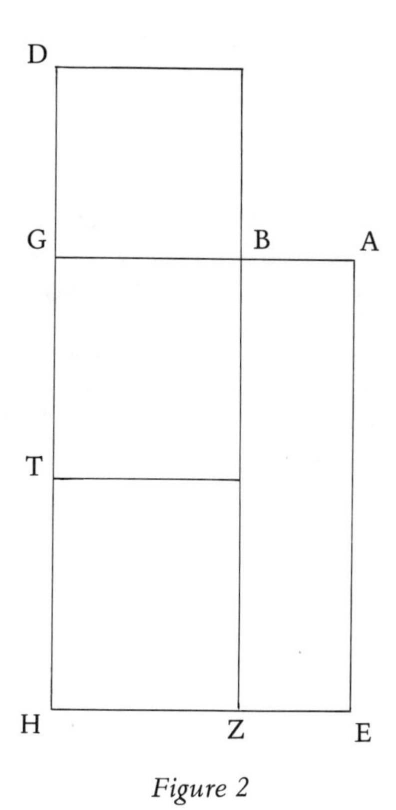

Figure 2

$x^2 + 10x = 39$, to find x^2 directly. (Figure 2)
Let us make $AB = x^2$ and $BG = 10x$, thus $AG = 39$.
Let us construct on BG square DB, thus its surface = $100x^2$,
and let us construct on AB [the rectangular] plane ABEZ equal to square BD, thus plane ABEZ = $100x^2$,
and as $AB = x^2$, it follows AE = 100.
Let us complete parallelogram AEGH, thus it equals 3900.
As plane AZ = plane DB, and plane BH is common to both,
it follows plane DZ = plane AGEH,
plane AGEH = 3900, thus plane DZ = 3900.
Let us halve GH in T.
Hence, as Euclid has proved in proposition 6 of Book II of the "Elements", $HD \times DG + GT^2 = TD^2$.
BD is a square, thus $HD \times DG$ = plane DZ,
hence 3900 + 2500 = 6400
and its root = 80 = TD.
TD = TG + GB = 80, and TG = 50, thus BG = 30.
We have assumed AG = 39, thus AB = 9, and it is the requested x^2.

Al-Khwārizmī, although he always computes x^2 after he has solved x, does not present a direct solution for x^2. As we have seen the first to do so is Abū Kamīl. The geometrical demonstrations by Abū Kamīl, al-Karajī, and al-Samaw'al are similar. But, whereas for Abū Kamīl this is new territory, it has become routine for al-Samaw'al. A comparison of the three demonstrations by these succeeding mathematicians displays a progress in algebraical thinking. I will try to show this with the following example:

Al-Samaw'al writes, rather in the beginning of his proof: "Let us construct on BG square DB, thus its surface is $100x^2$".

Abū Kamīl, however, needs many words to explain this result: "... surface DGB, and it is a hundred times line AB, multiplied by one of its units, because line BG is 10 roots of line AB. Ten roots of the thing multiplied by itself is equal to the thing itself 100 times".

And al-Karajī still explains, but for him the following is sufficient: "... square DB, and its measure is $100\,x^2$, because 10 roots of the thing, when they are multiplied by themselves equal 100 times that thing in itself".

This example shows, how al-Samaw'al operates more freely in algebra than his predecessors. His ease with quadratic equations is even more evident in case V. Here again x^2 denotes, without hesitation or further explanation, a linesegment as well as a surface, hence it has become a rather abstract notion for al-Samaw'al. Even more important is, that one figure suffices to prove both the solution by subtraction as well as by addition, where-as al-Karajī gives only one of the two possible positive solutions. Al-Samaw'al has reached a better understanding of the material than his predecessors. Thus it appears, that the solution of the quadratic equation, set up for practical purposes by al-Khwārizmī, has advanced into a more abstract algebraical theory by the time of al-Samaw'al. Unfortunately the "Bāhir" was apparently altogether unknown in the West. But, as Anbouba remarks in his DSB-article on al-Samaw'al, an indirect and restricted influence may be seen in the "Key of Arithmetic" by al-Kāshī, which appeared in 1427. This influence is, however, absent in the treatment of quadratic equations. Al-Kāshī only gives schemes to facilitate computation. He remarks: "We have laid down the course of action in the table, so that it may be easy to understand it and to cope with it." For case IV the example is $x^2 + 4x = 21$, and its table:

the number of things is	4
thus half of it is	2
its square	4
and the number is	21
the sum of the number and the square of half the number of things	25
we take its root and it is	5
we subtract from it half the number of things, the unknown thing remains	3

By filling in the successive numbers one obtains almost automatically the right answer.

The knowledge of the East-Islamic results, especially of the works by al-Khwārizmī, played an important role in the development of mathematics and astronomy in the West-Islamic countries. Due to political and economical decay the cultural relations weakened and many later East-Islamic treatises remained unknown in the West. Thus the theory of quadratic equations by Ibn Badr, who probably lived in the first half of the 13th century in Sevilla, is far inferior to the theory developed by al-Karajī.

Very interesting is the work by Ibn al-Bannā' al-Marrākushī (1256–1321), who taught arithmetic, algebra, geometry, and astronomy in Fez. He may have been a native of Granada. In any case, he studied all the literary and scientific subjects that had cultural value in Fez and Marrakesh. Among his many mathematical treatises the "Talkhīs", a summary of the lost works of the twelfth- or thirteenth century mathematician al-Ḥaṣṣār is the best known. Here Ibn al Bannā' works from a traditional point of view. In two other, not yet edited treatises, however, a symbolization of the algebra appears. This will find a further development in the Maghreb in the 14th and 15th century. "The last known Spanish-Muslim mathematician" al-Qalaṣādī of Granada (1412–1486) uses mathematical notations at large in his still extant treatise on Algebra.

The Arab theory of quadratic equations becomes known in Western Europe in the twelfth century. Abraham bar Ḥiyya (died 1136) writes in Barcelona a Hebrew treatise on practical geometry, containing a first rough exposition on Arab algebra in non-Arab Europe. It exerts its influence through the Latin translation "Liber Embadorum" by Plato of Tivoli (first half of 12th c.). This treatise appears in the same year, 1145, as Robert of Chester's translation of al-Khwārizmī's Algebra. In the same period also Gerhard of Cremona (1114–1187) translates al-Khwārizmī's Algebra into Latin. These Latin translations as well as the original Arab works form part of the sources of the works by Leonardo Fibonacci (ca. 1170 – after 1240), "the first great mathematician of the Christian Western world", who stands at the beginning of a long mathematical development in Italy and eventually in all of Western Europe. Thus when in the 15th century Arab mathematics declines, the tradition is already firmly established in Western Europe. Even so Girolamo Cardano (1501–1576) still pays his respect to al-Khwarizmi, beginning the preface to his "Great Art or the Rules of Algebra" with, "This art originated with Mahomet the son of Moses the Arab (= al-Khwarizmi). Leonardo of Pisa (= Fibonacci) is a trustworthy source for this statement. There remain, moreover, four propositions of his with their demonstrations, which we will ascribe to him in their proper places..."

With 'Umar al-Khayyām I will end:

"For "Is" and "Is-not" though with Rule and Line
And "Up-and-down" by Logic I define
Of all that one should care to fathom, I
Was never deep in anything but – Wine."

Remarks and Bibliography

A good account on Arab mathematics in general is found in J.L. Berggren, "Episodes in the Mathematics of Medieval Islam", New York: Springer Verlag, 1986, and

A.P. Juschkewitsch, "Geschichte der Mathematik im Mittelalter", Basel: Pfalz-Verlag, 1964.

The biographies of the here treated mathematicians, with the exception of Ibn Badr, are contained in

"Dictionary of Scientific Biography" (= DSB), 16 vols., New York: Charles Scribner's Sons, 1970–1980.

On Ibn Badr see

H. Suter, "Die Mathematiker und Astronomen der Araber und ihre Werke", Leipzig: Teubner, 1900.

A more extensive version of this survey is published as

Y. Dold-Samplonius, The Solution of Quadratic Equations according to al-Samaw'al, in: "Festschrift für Helmuth Gericke" (Reihe "Boethius", Bd. 12), Stuttgart: Franz Steiner Verlag Wiesbaden GmbH, 1985, pp. 95–104.

Y. Dold-Samplonius, Developments in the Solution to the Equation $cx^2 + bx = a$ from al-Khwārizmī to Fibonacci, in: "Festschrift for E.S. Kennedy", New York: New York Academy of Sciences, 1987, pp. 52–61.

Y. Dold – Samplonius, The Evolution in the Solution to the Quadratic Equation as seen in the work of al-Samaw'al, in: "Proceedings of the 1985-Conference in Ankara on Ibn Turk, Khwārizmī, Fārābī, Beyrūnī, and Ibn Sīnā", Ankara: Atatürk Culture Center, to appear.

Die arabische Musiktheorie zwischen autochthoner Tradition und griechischem Erbe

Benedikt Reinert

1. Einleitende Bemerkungen

In einer wissenschaftsgeschichtlichen Veranstaltung interessiert die arabische Musiktheorie wohl in erster Linie in ihrer Eigenschaft als integrierender Teil des Quadriviums. Sie steht dort neben Geometrie, Astronomie und Arithmetik, aus Gründen, die schon aus dem Problemkreis von Kapitel 3.4 unmittelbar einsichtig werden. Die Eingliederung selbst beruht auf spätantiker Tradition und gehört arabischerseits in den Rahmen einer geistigen Auseinandersetzung mit dem griechischen Erbe, die manche Gebiete der islamischen Kultur entscheidend geprägt hat.

Dabei sind zwei Einflussebenen zu unterscheiden. Die eine wurde durch die Übersetzung einschlägiger griechischer Musiktraktate bestimmt. Sie beginnt in der zweiten Hälfte des 8. Jahrhunderts und bildet den eigentlichen Gegenstand der folgenden Ausführungen. Die andere repräsentiert das mündliche Weiterleben antiker Traditionen. Davon mag manches in die arabische Musikbetrachtung eingegangen sein, ohne dass man sich seiner ursprünglichen Herkunft bewusst blieb und ohne dass diese quellenmässig noch zu fassen wäre. Es zählt zur Summe arabischer musikwissenschaftlicher Erkenntnisse, die sich auf die klassische arabische Musik des 8. und 9. Jahrhunderts stützen und die wir als autochthone arabische Musiktheorie bezeichnen.

Diese Musiktheorie beginnt sich schon vor der Mitte des 8. Jahrhunderts zu profilieren und erreicht mit Isḥāq al-Mauṣilī (gest. 850) ihren Höhepunkt. Dann entwickelt sie sich zunächst nicht mehr selbständig weiter, sondern wird von dem übermächtigen griechischen Gedankengut befruchtet, um vom 10. Jahrhundert an in einem komplexen Amalgamierungsprozess wieder eine eigene Identität zu finden. Von ihren Werken bis und mit Isḥāq hat sich fast nichts erhalten. Wir kennen lediglich die Titel der wichtigsten Traktate und können uns anhand von Zitaten und Vergleichen mit der Nachfolgeliteratur ein ungefähres Bild von ihren Methoden und Problemstellungen machen. Über die Theorie Isḥāqs selbst sind wir durch seine Schule orientiert. Nach diesen Materialien zu schliessen, war die autochthone arabische Musiktheorie Bestandteil einer Musikwissenschaft, der es darum ging, die Gegebenheiten der musikalischen Praxis festzuhalten, nicht aber, sie in einen höheren Zusammenhang zu stellen und daraus ein System zu abstrahieren. Wie weit die Analyse musikalischer Belange aber schon gediehen war, zeigt der Umstand, dass Isḥāq einem Kollegen ein von ihm neu komponiertes Lied schriftlich so genau beschreiben konnte, dass dieser es ganz im Sinn und Geiste des Komponisten vorzutragen imstande war[1].

Sieht man von den musikgeschichtlichen Untersuchungen ab, bei denen sich die Araber neben dem Aufarbeiten von biographischem und musiksoziologischem Material sowie dem Sammeln und Redigieren von Liedern *(ṣaut)* beschäftigt haben, so stösst man im eigentlichen musiktheoretischen Bereich vor allem auf zwei immer wieder behandelte Themenkreise. Beide zeichnen sich durch eine gut ausgebaute Terminologie aus. Der eine handelt von den Tönen *(naġam)*, der andere vom Rhythmus *(īqā')*. Bei den Tönen – "Ton" im Sinn von "Toncharakter" – wird nicht nur das Tonsystem selbst erläutert, sondern auch die Modusbildung und in diesem Zusammenhang die Kompatibilität von Tönen[2]. Was den Rhythmus anbetrifft, so bezeichnet der Ausdruck *īqā'* zwei verschiedene Dinge, einmal das, was auch wir unter Rhythmus verstehen, nämlich die zeitliche Abfolge der Melodietöne, zum andern aber auch das, was man als Grundierungsrhythmus einer Melodie bezeichnen könnte, d.h. eine charakteristische Folge von Schlägen, über der sich der Bogen der Melodie erhebt[3]. Ursprünglich war es üblich, den Melodierhythmus dem Grundierungsrhythmus anzupassen; doch polemisiert bereits Ishaq al-Mausili gegen die Tendenz, auf den beiden Ebenen verschiedene Rhythmen zu verwenden. Auch eine Kompositionslehre *(ta'līf),* als Synthese der Betrachtung von Tönen und Rhythmen, ist mitsamt einer entsprechenden Terminologie bereits bei Ishaq belegt[4].

Generell eröffnete die Berührung mit der griechischen Musiktheorie den Arabern grundlegend neue Gesichtskreise. Einmal erschloss sie ihnen ganze, zuvor höchstens marginal berührte Gebiete der Musikbetrachtung. Hierher gehören vor allem Akustik und Ethos-Lehre; beide sollen uns im folgenden allerdings nur soweit beschäftigen, als sie eine geistesgeschichtlich charakteristische oder für die weitere Entwicklung fruchtbare Resonanz gefunden haben. Von nachhaltiger Bedeutung waren aber auch die Denkanstösse, die die Übersetzung der griechischen Traktate den traditionellen Bereichen der arabischen Musiktheorie (Töne und Rhythmen) brachte. Ihnen soll unsere besondere Aufmerksamkeit gelten. Man lernte, die Gegebenheiten der eigenen Musik mit griechischen Methoden zu analysieren und systematisch darzustellen, wobei die autochthone Terminologie zweckmässig weiterentwickelt wurde.

Vielleicht ist hier der Ort, kurz das Problem der Rezeption griechischer Termini zu berühren. Es gibt die üblichen zwei Möglichkeiten: entweder wird ein griechischer Ausdruck tel-quel als Fremdwort übernommen, oder aber es wird ein Begriff der griechischen Musiktheorie, ins Arabische übersetzt, rezipiert. Paradebeispiel für das erste ist *mūsīqī,* die Abkürzung von μουδικ ἡ τέχνη; er wird ursprünglich im Sinne von "griechisch beeinflusste Musiktheorie" gebraucht, erhält aber bald einmal die Bedeutung "Musik", sogar speziell "Gesangsmusik", dem arabischen Ausdruck *ġinā'* entsprechend[5]. Exempel für das zweite ist *bu'd,* die Übersetzung von διάστημα (Intervall), der der autochthonen arabischen Musiktheorie noch unbekannt war. Die weitere Frage, ob dabei mündliche oder literarische Rezeption vorliege, ist vor allem dann im zweiten Sinn zu entscheiden, wenn sich ein Terminus – sei er Fremdwort oder Übersetzung – auf ein Phänomen bezieht, das nur in der griechischen, nicht aber in der arabischen Musik vorkommt, wenn etwa von den drei Genera diatonisch *(ṭanīnī)*, chromatisch *(mulawwan)* und enharmonisch *(mustarḫī)* die Rede ist, obwohl das zweite und dritte der arabischen Musik fremd sind.

Die Betrachtung musikalischer Gegebenheiten, die für die antike griechische Musik typisch, der arabischen jedoch unbekannt waren, mag zunächst erstaunen; sie erfordert jedenfalls eine Erklärung. Dies um so mehr, als man noch in der zweiten Hälfte des 9. Jahrhunderts, als der griechische Einfluss bereits seinen Siegeszug angetreten hatte, im Lager der autochthonen Musiktheorie der Meinung war, dass das Studium griechischer Schriften keine neuen Einsichten bringe, ja dass Isḥāq al-Mauṣilī alles für das arabische Tonsystem und dessen Modi Relevante auch ohne Kenntnis griechischer Traktate herausgefunden habe[6]. Demgegenüber herrschte bei den Graecophilen die euphore Überzeugung, bei genügender Einsichtnahme in die antiken Musiktraktate erfahre man alles, was zum Verständnis und zur Analyse der eigenen Musik notwendig sei. Fārābī (gest. 950) zeigt sich deshalb erstaunt darüber, dass er in den ihm zugänglichen griechischen Werken nicht alles finden konnte, was er zur genauen Beschreibung der arabischen Musik gebraucht hätte, und er kann sich diesen Tatbestand nur als Folge von Lücken in der Überlieferung der antiken Musiktheorie erklären[7]. Den Hintergrund dieser Überzeugung bildet die Vorstellung, dass es im Bereich der durch den Alexanderfeldzug bedingten, zunächst hellenistischen, später islamischen Oikumene eine einheitliche Geschmacks- und Empfindungsrichtung gebe, die fast zwangsläufig auch eine einheitliche Theorie hervorrufe[8]. Diese Vorstellung blieb freilich nicht unwidersprochen. Denn schon die Iḫwān aṣ-ṣafā' (2. Hälfte des 10. Jahrhunderts) vertraten eher die gegenteilige Meinung, indem sie mit Nachdruck die Verschiedenheit der Völker in ihren Tönen, Tonarten und Melodien hervorhoben[9]. Die Gründe dieser Meinungsdifferenz mögen tiefer liegen. Fārābī geht von der klassischen, noch bis in den Anfang seiner Zeit nachwirkenden Situation aus, in der eine politisch-oikumenische Einheit den Musikern der verschiedenen islamischen Länder einen regen kulturellen Austausch erlaubte, so dass ein arabischer Sänger ohne weiteres auch persische, byzantinische, syrische Melodien verwenden konnte. Der zunehmende Zerfall des Ḫalifenreiches in Teilstaaten mit eigenständigen Ambitionen liess seit dem 10. Jahrhundert die örtlichen Traditionen und deren Verschiedenheiten wieder stärker hervortreten. Gerade die Iḫwān aṣ-ṣafā', die von weitreichenden Missionsgedanken beseelt waren, mussten sich dieser Verschiedenheit stärker bewusst werden als ein Theoretiker wie Fārābī. Eine Kenntnis der altgriechischen Musik, die ihn von seinen musikalischen Einheitsvorstellungen vielleicht ebenfalls befreit hätte, darf man bei ihm nicht voraussetzen.

In diesem Zusammenhang sei an etwas erinnert, das in den Referaten dieses Zyklus schon mehrfach erwähnt wurde, das aber gerade im Bereiche der Musiktheorie von besonderer Bedeutung ist. Wir sprechen zwar von "arabischer" Musik und "arabischer" Musiktheorie, wollen aber damit nicht mehr sagen, als dass die betreffenden Lieder und Traktate in arabischer Sprache verfasst sind. Die Komponisten und Theoretiker selbst waren nur zu einem verschwindend kleinen Teil genuine Araber. Der südarabische Kindi bildet in dieser Hinsicht eine Ausnahme. Sonst handelt es sich bei den Musiktheoretikern vorwiegend um Perser und Aramäer, gelegentlich auch um Türken wie Fārābī; unter den Musikern und Komponisten finden wir ausserdem noch Griechen und Äthiopier. Hieraus erklärt sich auch der Synkretismus der klassischen arabischen Musik, die ja die Basis für den nun zu besprechenden Synkretismus von autochthoner und antiker Musiktheorie abgegeben hat. Ich möchte diesen Synkretismus in vier verschiedenen Bereichen anhand einiger weniger Probleme zu skizzieren versuchen. Im Mittelpunkt steht das Tonsystem. Daran schliesst sich die Theorie des Rhythmus an, zum Schluss die Ethos-Lehre. Beginnen möchte ich mit einem Problem der Akustik.

2. Die Akustik

Soweit sich die Akustik mit Fragen der Tonentstehung und der Tonapperzeption des Menschen beschäftigt, stellt sie wohl dasjenige Gebiet dar, über das sich im Rahmen unserer Problemstellung am wenigsten sagen lässt. Denn hier gab es keine für uns fassbare autochthone Theorie. Vielmehr scheint das diesbezügliche Gedankengut erst von den griechischen Quellen inspiriert worden zu sein. Bemerkenswert sind jedoch Art und Wege dieser Rezeption.

Ausgangspunkt aller arabischen Tontheorien ist der Ansatz des Pythagoreers Archytas (428–347 v. Chr.), dass das Phänomen Ton durch Aneinanderschlagen zweier Körper entstehe. Durch diesen Impuls wird die Luft, die ihrerseits Träger des Tons ist, in Bewegung versetzt[10]. Schon von den Griechen wurde diese Vorstellung in verschiedener Weise weiterentwickelt. Die Araber haben dieses Gedankengut teilweise übernommen, teilweise aber auch den Ansatz selbst zu eigenen Überlegungen benützt. Ihre wichtigste Quelle war zunächst Aristoteles' Schrift *De anima.* Ihr verdanken sie auch die Vermittlung des Archytas-Ansatzes. Wie dabei die Aristotelischen Vorstellungen wissenschaftlich ausgewertet und die Aristoteles-Kommentare fruchtbar gemacht wurden, zeigt ein Vergleich der arabischen Übersetzung von *De anima* und der entsprechenden Verarbeitung Fārābīs[11].

Entscheidender als Aristoteles und seine Schule scheint für die Akustik der Araber der Beitrag der Stoa gewesen zu sein, ein Beitrag, dem um so mehr Bedeutung zukommt, als er anscheinend nicht auf direkten Übersetzungen beruht, sondern auf mittelbarer mündlicher Tradition[12]. Dabei wurden die stoischen Vorstellungen teilweise aus dem Gesamtrahmen gelöst und separat überliefert. So verhält es sich etwa mit dem Bild des Chrysipp (280–207 v. Chr.), dass sich die Bewegung der Luft in gleicher Weise sphärisch fortsetze wie im Flächenbereich die Wellen eines Wasserspiegels, der durch einen hineingeworfenen Stein in Bewegung kommt[13]. Dies ergab sich aus der stoischen Vorstellung, dass die Luft ein vom Pneuma bewegtes Kontinuum darstelle[14], wurde jedoch von den Arabern – etwa von den Iḫwān aṣ-ṣafā' – auch ohne diese Voraussetzung übernommen[15].

Hingegen gab es einen Autor, der die akustische Theorie der Stoa offensichtlich in ihrem alten Kontext kennenlernte: Abū Isḥāq an-Naẓẓām (gest. ca. 836). Leider sind wir über seine Akustik nur durch winzige Fragmente unterrichtet, die ausserdem von Gegnern überliefert werden. Die Terminologie verrät jedoch unzweideutig den stoischen Hintergrund, auch wenn sich dieser aus den erhaltenen Fragmenten nicht mehr vollständig rekonstruieren lässt. Hierher gehört einmal, dass Naẓẓām den Ton als Körper (σῶμα) versteht[16]. Eine solche Vorstellung erhält nur auf der Basis des stoischen Körperbegriffs einen Sinn; zählt doch zu den Körpern alles, was unmittelbare Folge einer Aktivität des Pneumas ist[17]. Hierfür aber ist der Ton geradezu Paradebeispiel. Ebenfalls stoisch ist der Begriff *mudāhala,* "Durchdringung", der für den Apperzeptionsvorgang unseres Gehörs verwendet wird[18]. Durchdringung kann in diesem Zusammenhang nur bedeuten, dass sich der pneumatische Wellenkörper des Tons mit der Gehörsubstanz des Ohrs vermischt und dadurch vom Hörenden wahrgenommen wird[19]. Man könnte auch sagen, dass eine "Sympathie" zwischen der Substanz des Gehörs und der des Tons vorliege[20].

Naẓẓāms stoische Sicht der akustischen Dinge hat sich in der arabischen Musiktheorie nicht durchgesetzt. Ihre Bedeutung blieb auf seine Zeit und seine Heimatstadt Baṣra beschränkt. Dieser Umstand verdient Beachtung. Baṣra hat sich in der zweiten Hälfte des 8. Jahrhunderts zu einer Hochburg des intellektuellen Manichäismus entwickelt. Auch Naẓẓām hat sich mit dieser Sinnesrichtung auseinandergesetzt, allerdings polemisch. Die manichäischen Denkformen wiederum zeigten gewisse Berührungspunkte mit den stoischen, waren ursprünglich vielleicht auch davon abhängig. Schon der stoische Dualismus von ϑεός und νλη gehört hierher[21], erst recht die Idee einer Vermischung oder Durchdringung verschiedenartiger Körper. Beides hat im Manichäismus einen spezifischen, soteriologischen Aspekt erhalten, könnte aber dennoch ein Neuverständnis der ursprünglichen stoischen Vorstellung erleichtert haben[22].

3. Töne, Tonsystem und Modi

3.1. Das autochthone System

Um den Einfluss der griechischen Musiktheorie im Bereich des Tonsystems zu würdigen, muss ich kurz die Grundzüge der entsprechenden autochthonen Betrachtung beschreiben, so wie sich diese bei Isḥāq al-Mauṣilī in der Version von dessen Schüler Ibn al-Munaǧǧim (gest. 912) fassen lässt.

Ein Punkt springt dabei zum vornherein ins Auge. Obwohl die klassische arabische Musik eine Gesangsmusik ist, werden ihre Töne anhand der Laute und der Lage ihrer Bünde definiert. Die klassische Form der Laute verfügt über vier Saiten, die in Quarten gestimmt sind. Die Töne selbst werden durch vier Bünde festgelegt, für jeden Finger einen (vgl. Abb. 1). Der Kleinfingerbund ergibt jeweils den Grundton der nächsthöheren Saite; der Zeigefingerbund bezeichnet einen Ganztonschritt von der leeren Saite aus. Der Mittelfingerbund liegt einen Ganzton unter dem Kleinfingerbund und der Ringfingerbund einen Ganzton über dem Zeigefingerbund.

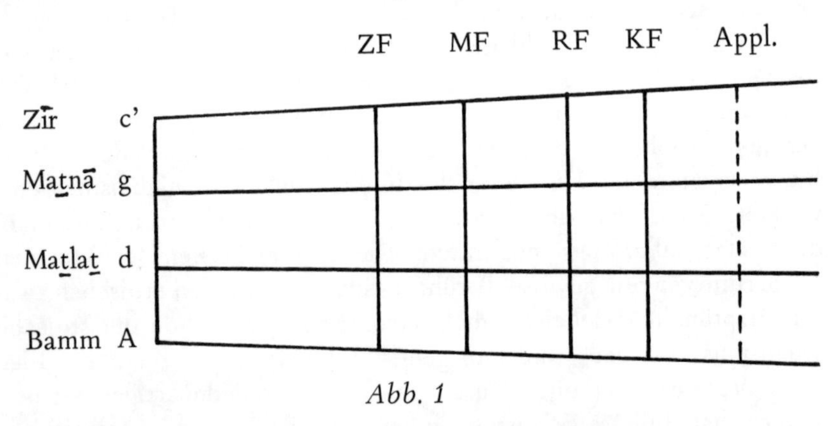

Abb. 1

Die einschlägigen, für Isḥāqs Tonmaterial relevanten Töne werden durch die Schnittstellen der Bünde mit den beiden oberen Saiten (Zīr und Maṯnā) bestimmt. Isḥāq erweitert sie um einen Zusatzton auf der oberen Saite, der durch Applikatur gewonnen wird, d.h. durch Aufsetzen des Zeigefingers auf dem Ringfingerbund und Greifen mit dem Ringfinger, was vom Grundton der Saite aus einen Trītonus ergibt. Damit kommt er auf zehn Töne[23]. Die Schnittstellen der Bünde mit den beiden unteren Saiten verschaffen dem Tonsystem Isḥāqs keine weiteren Toncharaktere, sondern gelten nur als Färbungen der zehn Töne in der Unteroktave[24]. Isḥāq hat seine Töne von der leeren Maṯnā-Saite an aufwärts mit den Buchstaben des arabischen Alphabets, und zwar in der Reihenfolge ihrer Zahlwerte, bezeichnet. Dadurch entsteht eine entfernte Verwandtschaft mit den griechischen

Tonzeichen, die strukturell jedoch komplizierter sind und daher nicht ohne weiteres als Vorbild betrachtet werden dürfen[25].

Ordnen wir nun die Isḥāqschen Töne nach ihrer Bundlage: Wir beginnen mit den Tönen, die durch leere Saiten und Kleinfingerbund bestimmt sind (I), erweitern sie dann um die Töne des Zeigefingerbundes (II), gewinnen die dritte Gruppe durch Beifügung der Mittelfingertöne (III) und schliessen bei der vierten auch die Ringfingertöne ein (IV). Dies ergibt folgende Tonreihen, wenn wir den Grundton der Maṯnā-Saite auf g festlegen (zur Ableitung sei auf Abb. 2 verwiesen):

I:	g				c'				f'	
II:	g	a			c'	d'			f'	
III:	g	a	b		c'	d'	es'		f'	
IV:	g	a	b	h	c'	d'	es'	e'	f'	fis'

Aus Tonreihe I erhält man evidenterweise kein melodisch brauchbares Tonsystem. Dagegen erzeugt Tonreihe II eine pentatonische Tonleiter, die in Tonreihe III zur heptatonischen erweitert ist. Tonreihe IV deutet eine Wende zum Zwölftonsystem an, das allerdings unvollkommen ist, da as und cis' fehlen.

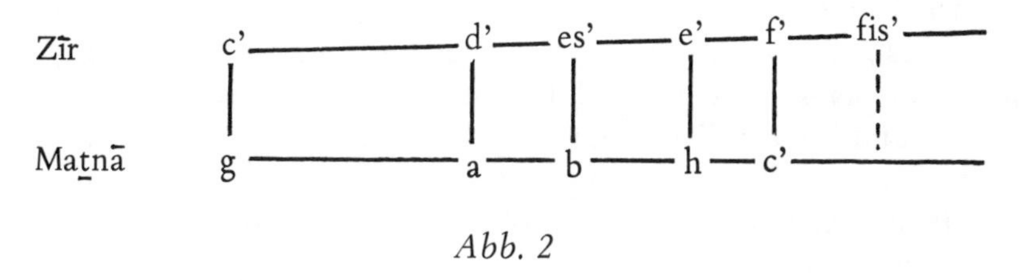

Abb. 2

In der Tat ermangelt die Tondekade Isḥāqs einer theoretischen Fundierung. Offensichtlich handelt es sich um die Früchte einer musikalischen Praxis, die selbst wieder Folge instrumentaler Gegebenheiten war: Für das Ausfüllen der Quarte zwischen zwei leeren Saiten standen eben vier Finger zur Verfügung, nicht bloss drei. Immerhin muss der Zusatzton auf der obersten Saite als ein vom System erfordertes Requisit betrachtet werden. Die von Isḥāq vertretene Musik aber war streng diatonisch, heptatonisch, ohne jede Chromatik: die Töne von Mittelfinger- und Ringfingerbund sowie Kleinfinger- und Zusatzton galten als unverträglich (*muḫtalif*), sich gegenseitig ausschliessend[26]. Was über die sieben diatonischen Töne hinausging, diente somit lediglich transpositorischen Zwecken. So sind zwei aufeinanderfolgende Ganztonschritte im Isḥāqschen Tonmaterial von vier Tönen aus realisierbar (g-a-h, b-c'-d', c'-d'-e', d'-e'-fis'), während es ohne Ringfinger- und Zusatzton nur eine Möglichkeit gäbe (b-c'-d'). Wenn wir aber lesen, dass sich einzelne Komponisten einen Spass daraus machten, in einem Lied alle zehn Töne zu verwenden[27], so kann dies nur bedeuten, dass sie reichlich modulierten.

3.2. Der Einfluss des griechischen Tonsystems

Betrachtet man die Gegebenheiten von Isḥāqs Zehntonmaterial unter dem Aspekt seiner Leistungsfähigkeit, so fallen zwei Schwächen auf. Einmal sind seine Transpositionsmöglichkeiten eingeschränkt durch den Umstand, dass zwischen leerer Saite und Zeigefinger ein Halbton fehlt – man kann beispielsweise vom Ringfinger aus ohne Applikatur keinen Ganzton spielen. Zum andern haben einige Töne in der Unteroktave (A-g) keine Entsprechung (etwa b oder es'). Letzteres hängt einerseits mit dem zuerst erwähnten Problem zusammen (so bei B und es) und beruht andererseits darauf, dass der Gesamtumfang der Töne nur eine Tredezime beträgt (A bis fis'). Hiervon ist vor allem der Ton g betroffen.

Wie man mit diesen beiden Problemen in der musikalischen Praxis fertig wurde, braucht uns hier nicht zu beschäftigen. Für einen Theoretiker bedeuten sie jedenfalls einen argen Schönheitsfehler, liessen sich jedoch durch zwei technische Neuerungen lösen. Die eine bestand im Beifügen eines Zusatzbundes – genannt *muǧannab* – auf Halbtonhöhe zwischen leerer Saite und Zeigefinger. Die andere Neuerung war das Aufspannen einer fünften Saite über der bisher höchsten, mit dem Grundton f', dem Zeigefingerton g', dem Mittelfinger as' und dem Ringfinger a'. Dadurch erhielt man das Tonmaterial einer Doppeloktave (Abb. 3).

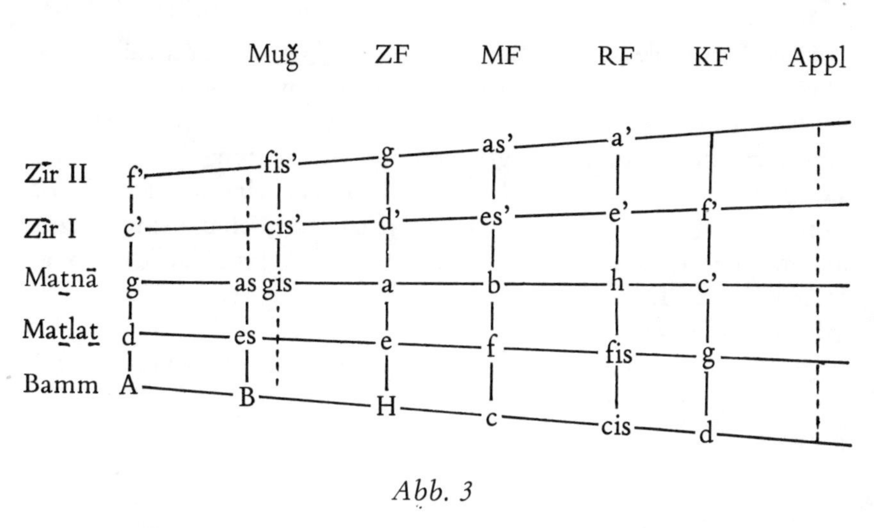

Abb. 3

Voll entwickelt und in ihrer sich ergänzenden Funktion ausgereift begegnen die beiden Komponenten Zusatzbund und fünfte Saite bei Kindī (gest. nach 871). Mindestens die Idee einer fünften Saite war jedoch älter[28]. Ausschlaggebend war freilich nicht die materielle Neuerung selbst, sondern die Gedankenarbeit, die ihre Voraussetzung bildete, und diese Gedankenarbeit geht eindeutig auf griechischen Einfluss zurück. Urbild des doppeloktavigen, oktavweise gleich strukturierten arabischen Tonmaterials war das griechische. Hierauf weist allein schon die von Kindī benützte Terminologie hin[29]. Vor allem aber exemplifiziert Kindī anhand des erweiterten Tonsystems die Oktavgattungen[30], die sich im griechischen System geradezu aufdrängten, die aber der Isḥāqschen Musik fremd waren, gab es dort doch gar keine eigentliche Oktave, sondern spielte sich alles im Tonraum einer Septime ab[31]. Die arabischen Modi waren offenbar in kleineren Tonräumen definiert[32]. Von den Griechen, genauer gesagt von Aristoxenos, hatte Kindī aber auch die nonchalante Art, über die Unterschiede enharmonisch verwechselbarer Töne hinwegzusehen; sonst hätte etwa sein muǧannab-Bund aus zwei Bünden im Abstand von einem pythagoreischen Komma bestehen müssen, der untere für B, es, as, der obere für cis', fis'[33]. Griechisch ist schliesslich auch die Idee einer unbeschränkten Transpositionsmöglichkeit jeglicher Tonfolge im Rahmen der beiden Oktaven[34].

Eine Frage bleibt allerdings offen, nämlich ob Kindī mit seiner griechisch inspirierten Theorie tatsächlich eine Lösung der beiden Ausgangsprobleme anstrebte, oder ob es ihm nicht eher darum zu tun war, die Geltung der griechischen Betrachtung im arabischen Beispiel nachzuweisen. Hierfür spräche einmal seine im gleichen Zusammenhang erörterte, griechisch affizierte Melodielehre[35], zum andern aber auch die Tatsache, dass er gewisse Probleme des Tonsystems, die in der arabischen Musik eine Lösung erheischten, für die griechische dagegen bedeutungslos waren, souverän zu übersehen bemüht war. Eines davon soll uns nun einen Augenblick beschäftigen.

3.3. Das Problem der Vierteltöne

Ein gemeinsamer Zug von altgriechischer und vorderasiatisch-islamischer Musik ist die Verwendung von Tonschritten, die zwischen einem Halbton, bzw. zwischen Halbton und Ganzton liegen, und die wir daher als Vierteltöne (einfache Diesis) bzw. Dreivierteltöne (dreifache Diesis) bezeichnen können. Trotz ihrer scheinbaren Verwandtschaft sind einfache und dreifache Diesis nach Wesen und Ursprung grundlegend verschieden.

Der Viertelton wird in der griechischen Musik im sogenannten *enharmonischen* Genus verwendet und ist in dieser Form der vorderorientalischen Musik fremd. Es handelt sich im Prinzip um die Weiterentwicklung des Verhältnisses, das zwischen diatonischem und chromatischem Genus besteht. Als *diatonisch* bezeichnen die Griechen Tetrachorde und Oktavgattungen, die nur mit Ganz- und Halbtonschritten arbeiten, z.B. e-f-g-a. Im *chromatischen* Genus wird der dem Halbton benachbarte Ganzton zu einem Halbton verkleinert, was im vorigen Beispiel die Tonfolge e-f-ges-a ergibt. Der andere Ganzton dehnt sich dadurch zu einem Anderthalbton, einer übermässigen Sekunde aus. Praktisch bedeutet dies, dass ein Intervall des Tetrachords grösser ist als die beiden andern zusammen[36]. Im enharmonischen Genus verschärft sich diese Tendenz dahin, dass die beiden Halbtöne zu Vierteltönen konzentriert werden, also e-f↓-geses-a. Oben liegt dann eine doppelt übermässige Sekunde von der Grösse

zweier Ganztöne, d.h. das Vierfache der beiden übrigen Intervalle zusammen. Die ursprüngliche – tetrachordische oder heptatonische – Struktur wird dadurch zwar verzerrt, nicht aber aufgehoben.

Ganz anderer Natur ist die Herkunft des Dreivierteltons. Hier geht es primär um eine nicht-diatonische Lösung des Schritts von der Pentatonik zur Heptatonik, und zwar so, dass die pentatonischen kleinen Terzen nicht durch Ganzton plus Halbton ausgefüllt werden, sondern durch zwei gleich grosse Intervalle, eben Dreivierteltöne. Anstelle eines diatonischen Systems von fünf Ganztönen und zwei Halbtönen entsteht dann eine Tonleiter mit drei Ganzton- und vier Dreivierteltonschritten. Vielleicht ist diese Lösung die archaischere, ursprünglichere als die uns vertraute "pythagoreische", bei der von der pentatonischen Terz zunächst die Norm des Ganztons abgetrennt wird, so dass noch ein halbtöniges Leimma übrigbleibt (vgl. Kap. 3.4). Sie war den Griechen wohlbekannt, aber schon in aristoxenischer Zeit auf den Bereich des Aulos zurückgedrängt[37]. Um so grössere Bedeutung erhielt sie in der vorderorientalischen Musik.

Die klassische arabische Musik, die Isḥāq beschreibt, verwandte freilich noch keine Dreivierteltöne. Solche wurden erst von einem gewissen Zalzal (gest. 842) in die von der Laute begleitete Kunstmusik eingeführt. Zalzal gehörte zur einheimischen, nichtarabischen Bevölkerung Kufas, war zwar ungebildet, fiel aber durch seine aussergewöhnliche Musikalität auf und kam dadurch nach Baghdad zu Isḥāq al-Mauṣilī[38]. Seine Neuerung mit den Dreivierteltönen rief unter den Vertretern der klassischen arabischen Musik einen Sturm der Entrüstung hervor. Von der zeitgenössischen, griechisch affizierten Musiktheorie wurde sie zunächst einfach ignoriert. So verhielt sich noch der Araber Kindī. Erst der aus dem Osten stammende Fārābī (gest. 950) verschaffte ihr ein bleibendes Heimatrecht in der arabischen Musiktheorie. In der Praxis jedoch hat sie ihren Siegeszug schon etwas früher angetreten, besonders im iranischen Kulturbereich, wo der auf der Tonfolge Ganzton-Dreiviertelton-Dreiviertelton aufgebaute Modus *rāst* heisst (was soviel bedeutet wie "ordentlich, richtig") und in diesem Sinne als Ausgangsmodus gilt. Offensichtlich hat Zalzal hier an Bekanntes angeknüpft und eine alte Tradition wiederbelebt bzw. in die arabische Musik eingeführt. Die Frage, ob es sich dabei um eine autochthon ʿiraqische (babylonische) oder eine persisch-sasanidische Tradition handelt, muss vorläufig offenbleiben.

Werfen wir noch einen Blick auf die technische Seite des Problems. Zunächst einmal sei festgehalten, dass der für die Zalzal-Töne reservierte Bund als Variante des Mittelfingerbundes gilt (Abb. 4). Damit bestätigt sich dessen Schlüsselfunktion beim Schritt von der Pentatonik zur Heptatonik. Erst recht gilt natürlich seine Unvereinbarkeit mit den Ringfinger-Tönen. Dies bedeutet nichts anderes, als dass der zwischen den beiden Bünden bestehende Viertelton musikalisch genau so irrelevant ist wie der chromatische Schritt zwischen dem normalen Mittelfinger und dem Ringfinger. Um so mehr Beachtung verdient die Tatsache, dass seit dem 13. Jahrhundert auch Tonarten bezeugt sind, die entweder die eine oder die andere Variante implizieren, etwa *zīrafkand* (g-a↓-*b*-*h*↓-cis↓-d) oder *iṣfahān* (g-a-h↓-*c*-*cis*-d)[39]. Es handelt sich durchwegs um Tonarten, die persische Namen tragen und offenbar aus der persischen Musik in die arabische eingedrungen sind. Das modusbestimmende Ausgangsintervall enthält jeweils einen Ton mehr, als dies bei einer diatonischen Lösung der Fall wäre, eine Quarte also fünf, eine Quinte sechs Töne usw., was praktisch auf die in der klassischen arabischen Musik verpönte gleichzeitige Verwendung von Mittelfinger- und Ringfingertönen hinausläuft. Dass die betreffenden Tonarten nichts mit dem chromatischen oder enharmonischen Genus der Griechen zu tun haben, ist evident.

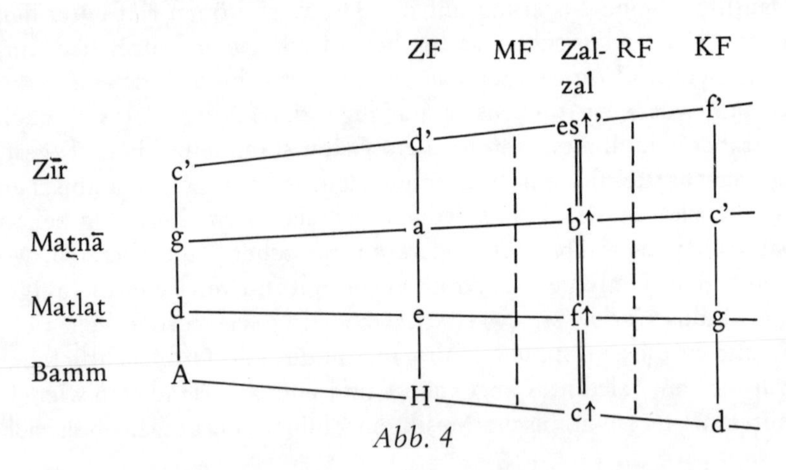

Abb. 4

3.4. Die arithmetische Definition von Tönen und Tonarten

Waren bei den Vierteltönen die Standorte von griechischer und vorderorientalischer Musik allzu verschieden, als dass sie sich auf einen gemeinsamen Nenner hätten bringen lassen, so liessen sich die arabischen Theoretiker in einem anderen Fall von einer griechischen Lösung charmieren, die sich trotz ihrer offensichtlichen Überlegenheit in der Praxis nur teilweise durchsetzte. Sie betrifft das arithmetische Verständnis der melodischen Tonschritte. Exemplifiziert wurde es anhand der durch die Bünde bestimmten Saitenlängen[40].

Ein altes Problem sei vorweggenommen. Ich habe im Bereich der kleinen Intervalle bisher von Ganz-, Halb-, Dreiviertel- und Vierteltönen gesprochen. Solche schon von Aristoxenos mit Erfolg verwendeten Vorstellungen mögen zwar geeignet sein, gewisse Intervallerlebnisse zu veranschaulichen, versagen jedoch, wenn es um die genaue Bestimmung der Tonverhältnisse geht. Dies wusste auch Aristoxenos; es wurde später wieder in aller Deutlichkeit von Fārābī unterstrichen[41]. Denn sie beruhen letztlich auf dem Vergleich von Intervallen mit Strecken[42], und dies wiederum impliziert die Vorstellung eines Addierens und Subtrahierens, während der genauen Tonbestimmung Proportionen zugrunde liegen, also die Operationen Multiplikation und Division. Ein Halbton beispielsweise ist nicht durch das arithmetische, sondern durch das geometrische Mittel zweier Saitenlängen definiert.

Es versteht sich, dass derartige Differenzen desto weniger ins Gewicht fallen, je kleiner die betrachteten Intervalle sind, derart, dass von einer gewissen Kleinheit an unser Ohr kaum noch einen Unterschied zwischen arithmetischem und geometrischem Mittel wahrnimmt. Unter solchen Umständen verdient eine von Muḥammad b. Aḥmad al-Ḫwārazmī (gest. 980) überlieferte Mittelfingerbundbestimmung besondere Beachtung[43]. Der Zeigefingerbund liegt auf 8/9 der Saitenlänge, der Ringfingerbund auf 8/9 · 8/9 = 64/81; ich komme hierauf gleich zurück. Teilt man die Saite in 81 gleiche Teile ein und zählt von rechts nach links, so liegt der Zeigefingerbund bei 72 und der Ringfinger bei 64. Für den Mittelfinger werden drei Varianten angegeben: 70, 68 und 66. Der Ganzton zwischen Zeigefinger-

und Ringfingerbund wird also in vier streckenmässig gleiche Abstände eingeteilt, d.h. in vier Aristoxenische Vierteltöne. Dass hier die arithmetische Teilung die geometrische ersetzen soll, dürfte aus der Identifizierung der dritten Variante (66) mit dem Zalzalbund hervorgehen. Der mittlere Bund (68) ist als "persischer", d.h. sasanidischer Mittelfingerbund bezeichnet und entspricht ungefähr dem Isḥāqschen (68,34375). Der dritte, tiefste Mittelfingerbund (70) heisst *qadīm*, "antik". Seine musikgeschichtliche Bedeutung ist noch nicht geklärt[44].

Wie gesagt, wird die Intonationsschwankung zwischen arithmetischem und geometrischem Mittel nur bei kleinen Intervallen unbedenklich hingenommen. Schon der Ganzton verlangt eine präzisere Behandlung. Er unterliegt im Ḫwārazmīschen System der Quintverwandtschaft (2/3 · 2/3 mit Oktavversetzung = 8/9). Die entsprechende Art der Ableitung heisst bei uns "pythagoreisch", ist jedoch weltweit bekannt, u.a. in China. Ihre Domäne ist die Pentatonik. Im Isḥāqschen System entspricht sie den Tönen von leerer Saite, Zeigefinger- und Kleinfingerbund (g-a-c'-d'-f'). In dieser Formation tritt auch ihr Pferdefuss, die grosse Terz mit dem Verhältnis 64/81, nicht in Erscheinung. Diese wird jedoch unvermeidlich, sobald man zur Heptatonik übergeht, sei es via Mittelfinger (g-a-b-c'-d'-es'-f') oder Ringfinger (g-a-h-c'-d'-e'-f'). Jede weitere Quinte verschärft das Problem. Zwölf quintverwandte Töne führen zur Krise des pythagoreischen Kommas (g~fisis, bzw. ases). Viertel- oder Dreivierteltöne lassen sich nur als Näherungswerte durch hochgradige Quintableitungen gewinnen. Ein siebzehntöniges System dieser Art hat im 13. Jahrhundert Schule gemacht[45].

Die älteren, griechisch beeinflussten Theoretiker fühlten sich allerdings von einer anderen Lösung angezogen, einer Lösung, die ebenfalls auf die Pythagoreer zurückgeht. Sie ersetzt das Prinzip der Quintverwandtschaft dadurch, dass das Saitenverhältnis der benützbaren Intervalle der Formel n/(n+1) genügt, dass praktisch also nur Intervalle verwendet werden, die zwischen benachbarten Obertönen bestehen. Inbegriffen darin sind natürlich Oktave (1/2), Quinte (2/3), Quarte (3/4) und vor allem der Ganzton 8/9. Wollte man die Formel konsequent im Bereich der Tetrachorde, der modalen Bausteine, durchführen, so sah man sich zu flexiblen Intervall-Begriffen nach aristoxenischer Manier gezwungen. Gleiche Intervalle waren de facto eben nicht gleich, sondern nur ähnlich; sie folgten der Formel 2n/(2n+1) · 2n+1/(2n+2) im Sinne einer Hälftung des Intervalls n/(n+1). Für das diatonische Tetrachord ergab sich daraus die Berechnung 8/9 · 9/10 · 15/16. Die vom Pythagoreer Archytas erwähnte Tetrachordbestimmung 8/9 · 7/8 · 27/28 stellt eine bemerkenswerte Variante dar[46]. Als entsprechende Formeln für das chromatische und das enharmonische Genus führt Avicenna 5/6 · 18/19 · 19/20, bzw. 4/5 · 30/31 · 31/32 an[47].

Aber liess sich dieses Prinzip auch auf Tetrachorde mit Dreivierteltönen anwenden? Hier gab es nur zwei mögliche Varianten, einmal 9/10 · 10/11 · 11/12 und zum andern 7/8 · 12/13 · 13/14. Gegen beide war etwas einzuwenden. Bei der ersten bleibt unklar, ob die "gleichen" Intervalle nun 9/10 und 10/11 sein sollten oder 10/11 und 11/12. Bei der zweiten wiederum verhalten sich die beiden ähnlichen, kleineren Intervalle zum ungleichen grösseren eher wie Halbtöne zu einem Anderthalbton als wie Dreivierteltöne zu einem Ganzton. Ausserdem sollte vom Ganzton 8/9 ausgegangen werden, da die Zalzal-Tetrachorde ja den Schritt von der Pentatonik zur Heptatonik markieren. Hierfür steht aber nur die von Avicenna erwähnte Lösung 8/9 · 10/11 · 13/14 zur Verfügung. Aber abgesehen davon, dass sie keine genaue Quarte als Rahmenintervall ergibt, leidet sie daran, dass die beiden kleineren Intervalle allzu verschieden sind, als dass sie als ungefähr "gleich" empfunden werden könnten. So kommen sowohl Fārābī als auch Avicenna zu Berechnungen des Zalzalschen *rāst*-Tetrachords, die von der pythagoreischen Formel abweichen, nämlich 8/9 · 11/12 · 81/88, bzw. 8/9 · 12/13 · 117/128[48].

4. Der Rhythmus

Wie ich bereits andeutete, ist der Rhythmus ebenso früh als Problem der arabischen Musiktheorie behandelt worden wie Tonsystem und Modi. Die entsprechende Terminologie ist ebenso alt und differenziert und muss sich wie dort vor dem Bekanntwerden griechischer

Musiktraktate entwickelt haben. Die Frage, inwieweit griechischer Einfluss über mündliche Tradition vorliegt, ist hier noch weniger zu beantworten als beim Tonsystem.

Von der ursprünglichen autochthonen Rhythmuslehre haben sich keine Texte erhalten. Wesentliche Impulse empfing sie offenbar von Ḫalīl b. Aḥmad (gest. 786). Diesen sollen seine rhythmischen Studien auch zu seiner berühmten arabischen Metrik angeregt haben[49]. Wie weit die alte Rhythmuslehre in der systematischen Analyse der rhythmischen Elemente fortgeschritten war, wissen wir nicht; die Klassifizierung und Benennung der gängigsten Rhythmen geht aber sicher noch auf sie zurück. Nach den Rhythmica Kindīs zu schliessen, machte sich der Einfluss der griechischen Traktate zunächst in den rhythmischen Aspekten der Ethos-Lehre bemerkbar[50], nicht in einer systematischen Analyse der rhythmischen Strukturen. Letztere scheint die arabische Theorie Fārābī zu verdanken, der sich vor allem von Aristoxenos zu gewissen Betrachtungen anregen liess. Von den vier Abhandlungen, die er den Rhythmusproblemen gewidmet hat, übte besonders die älteste mit der abstraktesten Form seiner Theorie eine weittragende, auch spätere Quellen noch befruchtende Wirkung aus[51]; in den späteren Abhandlungen war er bemüht, der Praxis und damit der autochthonen Rhythmus-Lehre gerecht zu werden[52].

Ein Beispiel für das Ineinandergreifen von autochthoner und griechischer Rhythmus-Theorie bildet der Begriff der Primärzeit. Es ist der Aristoxenische *πρῶτος χρόνος*[53]. Fārābī umschreibt ihn – aufgrund einer Formulierung Kindīs[54] – sinngemäss als kleinstmögliche Zeit zwischen zwei Schlägen bzw. Tonanfängen[55]. Es handelt sich also nicht um einen Zeitwert wie den des Herzschlags, der einerseits unterteilt und andererseits vervielfacht werden kann, sondern um einen empirisch definierten Extremalwert, der etwa unserer Achtelnote im Allegro entspricht. Dargestellt wird er durch die kurze Silbe *ta*. Dies knüpft an eine autochthone, bis Ḫalīl b. Aḥmad zurückführbare Tradition an und mag damit zusammenhängen, dass sich die arabische Musik von Anfang an als Gesangsmusik verstanden hat[56]. Aristoxenos allerdings hat diesen Extremalwert allgemeiner aufgefasst: er geht von einem minimalen Zeitwert aus, den er sowohl in Tönen als auch in Silben und in Tanzbewegungen findet[57].

Auch bei anderen Rhythmusproblemen haben die Araber nicht den allgemeinen von den Griechen erarbeiteten Gesichtspunkt aufgenommen, sondern bleiben begrifflich bei den Einzelphänomenen, was die Übersicht der Darstellung erschwert. So unterscheiden die griechischen Theoretiker bei den Rhythmusfüssen zwischen leichten und schweren Zeitelementen (*ἄνω χρόνοι* und *κάτω χρόνοι*)[58]. Dadurch wird es möglich, rhythmische Parallelstrukturen wie ♩ ♩ , ♫ ♫ und ♪𝄾♪𝄾 auf einen Nenner zu bringen, während die arabischen Theoretiker immer die Fallunterscheidung Zeitverdoppelung, Schlagverdoppelung und Primärzeit plus Pause machen müssen. Kindī hat zwar den Versuch gemacht, die sinnige griechische Dichotomie einzuführen[59], sich damit aber nicht durchgesetzt, auch in diesem Fall offenbar, weil die autochthone musiktheoretische Tradition stärker war. Dort bezeichnete man eine Viertelnote mit *tan,* eine Tonverdoppelung mit *tana* und die Pausalvariante mit *tano* [stabile][60], ausgehend vom entsprechenden Sprachmodell der Metrik.

Hemmend auf eine zweckmässige Adaption des griechischen Systems wirkte sich die autochthone Tradition besonders beim Klassifizieren der rhythmischen Genera (aǧnās) aus. Denn dort gab es eine Anzahl althergebrachter, mit eingebürgerten Namen versehener Einzelrhythmen, die Kindī auf acht und Fārābī auf elf beziffert. Dabei ging man jeweils von einer Grundform aus, die durch bestimmte, genau festgelegte Veränderungen variiert werden konnte[61]. Aber schon bei der Frage, was nun Grundform und was Variante sei, herrschte keine Einigkeit. Fārābī hat in seinem ältesten Traktat versucht, die rhythmischen Genera und Varianten von den einfachsten bis zu den kompliziertesten Strukturen systematisch zu entwickeln, und stiess dabei auch auf musikalisch ansprechende Formen, die in der Praxis gar nicht vorkamen und für die er eigene Namen erfinden musste[62]. Von Aristoxenos konnte er nur in beschränktem Masse profitieren, da das griechische System grossenteils mit anderen genusbestimmenden Kriterien arbeitete. So unterschieden die Araber – anders als die Griechen – zwischen schnellen, mittelschnellen und

langsamen Rhythmen, bei denen sich jeweils andere Veränderungsformen geltend machten. Strukturparallelen ergaben sich nur bei gewissen schnellen Rhythmen. Die Hierarchie der rhythmischen Bauelemente vom Fuss über das Kolon zur Periode und schliesslich zur Strophe war der klassischen arabischen Musik ohnehin fremd. Was die Araber Periode nennen, entspricht dem griechischen Fuss oder Kolon[63].

Ein Moment der Erschwerung bei der systematischen Erfassung klassischer arabischer Rhythmen bildete der Umstand, dass bei der Zusammensetzung der Perioden mehrheitlich eine Trennpause eingefügt wurde. Solche Varianten hiessen *unverbunden (munfaṣil)*, während man die Form ohne Trennpause *verbunden (muttaṣil)* nannte. In der Regel entsprach die Länge der Trennpause der normalen Schlagzeit des betreffenden Rhythmus *(ta, tan, tanna:* ♪, ♩, 𝅗𝅥 *)*. Dies aber musste zu rhythmischen Zweideutigkeiten führen, da einerseits die Trennpause durch einen Schlag ersetzt und andererseits eine Schlagzeit durch Ausfall der nächsten zeitlich verdoppelt werden konnte, so dass man etwa bei der Folge *tan tan tan / tan tan tan* nicht wissen konnte, ob es sich um einen verbundenen ternären oder einen unverbundenen binären handle[64]. Fārābī hat das Problem klar erkannt und daher ursprünglich zur Bedingung gemacht, dass die Trennpause länger sein müsse als die Gesamtzeit der eigentlichen Rhythmusschläge[65]. Die Praxis scheint freilich anders ausgesehen zu haben: in einem der späteren Traktate Fārābīs entsprechen die Trennpausen jeweils einer Schlageinheit[66]. In der Tat sagt der Autor dort über die Länge der Trennpause nur, dass sich ihre Dauer von der Dauer jedes Schlagabstands in der eigentlichen Rhythmusperiode unterscheide[67]. Diese Bedingung ist auch dann erfüllt, wenn die Trennpause um einen Teil der normalen rhythmusspezifischen Schlagzeit länger oder kürzer ist, wenn es sich also um das handelt, was Aristoxenos beim Vergleich zweier Rhythmusfüsse als ἄλογος bezeichnet, d.h. dass sich das Verhältnis der Schlagzeitenzahl von verbundener und unverbundener Variante nicht in ganzen Zahlen ausdrücken lässt[68]. Doch beruft sich Fārābī hier weder auf die griechische Version noch versucht er, das Problem wissenschaftlich zu lösen. Offenbar liess sich die diesbezügliche Praxis nicht rational darstellen.

5. Die Ethos-Lehre

Ein weites Feld griechischer Denkanstösse, die von der arabischen Theorie zweckmässig verarbeitet wurden, bildet die Ethos-Lehre, die Theorie von der Wirkung, die die Musik auf die menschliche Seele ausübt. Ihren Hintergrund mögen gewisse Erfahrungen bilden, die auf dem Musikerlebnis beruhen und die etwa die Wirkung bestimmter Rhythmen oder Tonarten betreffen. Aber dies ist nur der eine, vordergründige Aspekt der Sache. Gewichtiger, auch traditionsbelasteter ist ein anderer, nämlich die Überzeugung, dass derartige Wirkungen auf einer strukturellen Ähnlichkeit, einer Korrespondenz beruhen, die zwischen den Gegebenheiten der Musik und denjenigen anderer Bereiche, z.B. denen des Menschen, besteht. Die Wirkung der Musik verstünde sich danach als Resonanz auf solche Entsprechungen. Beide Aspekte, den empirischen und den spekulativen, möge ein Beispiel verdeutlichen.

Den empirischen möchte ich an der Wirkung veranschaulichen, die man den Genera diatonisch, chromatisch und enharmonisch zuschrieb. Wie wir gesehen haben, wird von ihnen in der arabischen Musik nur das diatonische Genus gebraucht. Was über die Wirkung der anderen gesagt wird, kann somit nur griechischen Quellen entstammen; aber es fragt sich, ob und wie die entsprechenden Beobachtungen auf die arabischen Verhältnisse angewandt wurden. Den griechischen Ausgangspunkt überliefert unter anderen der bereits genannte Muḥammad b. Aḥmad al-Ḫwārazmī[69]. Danach würde das diatonische Genus den Hörer in den Stand des Edlen, Selbstbeherrschten versetzen; das chromatische führte ihn zu einer gelösten, freigebigen und mutigen Haltung, und das enharmonische bewirkte eine melancholische, zurückhaltende Stimmung. Schon bald nach dem Bekanntwerden der griechischen Traktate schrieb man ähnliche Wirkungsformen auch bestimmten arabischen Rhythmen zu[70], und Kindī hat die Kompositionen generell in *basṭī, qabḍī* und *mu'tadil* eingeteilt, je nachdem, ob sie eine freudige, traurige oder ausgeglichene Stimmung hervorriefen[71]. Diese von den Griechen übernommene triadische Ethos-Lehre hat bei den arabischen Musiktheoretikern über viele Jahrhunderte bis in die Neuzeit nachgewirkt. Sie wurde sinngemäss auch im Bereich der Genera und der Modi adaptiert. Hier verdient eine Version aus der Mitte des 13. Jahrhunderts unser besonderes Interesse: Ṣafīyaddīn al-Ḥillī teilt die gängigsten Tonarten in drei Gruppen ein, diatonische (ʿUššāq, Nawā, Būsalīk), Zalzalsche (Rāst, Naurūz, ʿIrāq, Iṣfahān) und schliesslich solche, die durch eine Vermischung von Diatonik und Zalzalschen Dreivierteltönen zu Viertel- und Fünfvierteltönen gelangen (Buzurg, Rāhawī, Zīrafkand, Zangūla, Ḥiǧāzī[72]). Den Tonarten der ersten Gruppe eignet die Wirkung des basṭ (Mut, Frohsinn und Kraftgefühl), denjenigen der dritten die des qabḍ (Sehnsucht und Melancholie) und denen der zweiten Gruppe, den Zalzalschen, das Hervorrufen einer zarten, angenehmen Freude (im Sinne des muʿtadil). Was hieran besonders interessiert, ist die Tatsache, dass die Zalzalschen Modi die Funktion der diatonischen griechischen übernommen haben, während wir die diatonischen arabischen eher mit der Wirkung der chromatischen griechischen verbunden finden. Denn dies ist nichts anderes als ein Reflex jener Wende, die das Zalzalsche Genus als tonalen Ausgangspunkt betrachtet wissen wollte. Dass die dritte Gruppe den Stand des enharmonischen griechischen Genus übernehmen musste, leuchtet ebenfalls ein.

Zur Erläuterung des zweiten, spekulativen Aspekts möchte ich kurz auf ein paar Korrespondenzen eingehen, die sich um die Zahl Vier ranken. An quaternären Entsprechungen lassen sich die Methoden und Probleme der Korrespondenz-Theorie besonders gut exemplifizieren. In der Regel handelt es sich um abgeschlossene Vierheiten wie die vier Jahreszeiten oder die vier Lautensaiten. Es gibt aber auch Ausnahmen, etwa bei der Einbeziehung von Farben, Düften oder Rhythmen. Ich will mich jedoch an die abgeschlossenen halten. Im Prinzip beruht die Entsprechung auf einer Struktur- oder Aspektgleichheit zwischen den sich entsprechenden Gegebenheiten, die in den Quellen oft nicht explizit erwähnt wird. Dies, obwohl sie gerade bei der Bezugsetzung abgeschlossener Vierheiten nicht immer evident ist oder nur bei einem oder zwei der sich entsprechenden Elementenpaare. Diese üben dann eine Art Attraktion auf die übrigen aus. Nehmen wir als Beispiel die Korrespondenz zwischen den Naturelementen und den Lautensaiten. Sie ist antik, denn schon die vier ursprünglichen Saiten der Lyra wurden in Beziehung zu den vier Elementen gesetzt[73]. Die entsprechende arabische Version lautet

Zīr ~ Feuer	Maṯnā ~ Luft	Maṯlaṯ ~ Erde	Bamm ~ Wasser

Hier ist eigentlich nur die Zuordnung der Zīr – als der höchsten, schärfsten, glänzendsten Saite – zum Feuer unmittelbar einsichtig, während man andererseits Bamm wohl eher der Erde als dem Wasser zuweisen würde. Dann würde auch die natürliche Ordnung der vier Elemente, Feuer, Luft, Wasser, Erde, gewahrt. Nicht viel besser steht es mit der Korrespondenz von Lautensaiten und Temperamenten, nämlich

Zīr ~	Maṯnā ~	Maṯlaṯ ~	Bamm ~
Choleriker	Sanguiniker	Phlegmatiker	Melancholiker

Hingegen passen die beiden Korrespondenzen sehr wohl zusammen. Kombiniert man sie nämlich miteinander, so entsteht die bekannte Korrespondenz

Feuer ~	Luft ~	Erde ~	Wasser ~
Choleriker	Sanguiniker	Phlegmatiker	Melancholiker

Mit anderen Worten ist die Zuordnung transitiv. Sie genügt dem Gesetz: Korrespondieren zwei Vierheiten mit einer dritten, so korrespondieren sie auch untereinander. In der Tat stellt die Transitivität ein wichtiges Prinzip der Korrespondenz-Theorie dar. Es zeigt gerade in unserem Fall, dass die erwähnte Umstellung der Elemente Erde und Wasser gegenüber Maṯlaṯ und Bamm kein vereinzelter Lapsus traditionis sein kann. Dasselbe gilt für einen anderen Verstoss gegen die übliche Ordnung der Elemente, diesmal bei der Zuordnung der beiden höheren Saiten, nämlich

Zīr ~	Maṯnā ~	Maṯlaṯ ~	Bamm ~
Sommer ~	Frühling ~	Herbst ~	Winter ~
Jugend ~	Kindheit ~	Mittl. Alter ~	Greisenalter ~
Mittag bis Sonnenuntergang	Sonnenaufgang bis Mittag	Sonnenuntergang bis Mitternacht	Mitternacht bis Sonnenaufgang

Hier möchte man jeweils die Begriffe der ersten Spalte mit denen der zweiten vertauschen. Aber das Prinzip ist offensichtlich konsequent durchgeführt. Es beruht entweder auf einem ursprünglichen Missverständnis oder bedarf einer anderen Erklärung: Da bei der Zuordnung der Lautensaiten zu den Elementen anderer Vierheiten offenbar nach Massgabe der Tonhöhe verfahren wird, liesse sich die Umstellung von erster und zweiter Spalte in dem Sinne deuten, dass ursprünglich nicht die Zīr-, sondern die Maṯnā-Saite die höchste war. Dann dürften diese Zuordnungen eine vorislamische, der arabischen Musik freilich unbekannte Lautenstimmung reflektieren.

Selbstredend hat sich die Ethos-Lehre nicht mit den Korrespondenzen als solchen begnügt, sondern sich vor allem auch für ihre Nutzanwendung interessiert, d.h. für die Frage, wie die Musik zweckmässig zur Erreichung einer bestimmten Wirkung eingesetzt werden könne. Bekanntlich ist dies ein zentrales Anliegen der griechischen Ethos-Lehre, das anhand der Korrespondenzen in die Praxis umgesetzt wurde. Wiederum war es bereits Kindī, der praktische Ratschläge darüber erteilt, auf welcher Saite man welche Rhythmen zur Erreichung eines gewünschten Gemütsaffekts beim Zuhörer zu spielen habe[74]. Erwartungsgemäss finden sich Anleitungen, auf welchen Saiten und mit welchen Modi und Rhythmen der Zuhörer anzusprechen sei, auch in den Fürstenspiegeln. So heisst es in dem 1082 verfassten Qābūs-nāma[75]: "Wenn du dich in einer Gesellschaft befindest, so sieh dich um! Hat der Zuhörer ein rotes Gesicht und ist Sanguiniker, so spiele vornehmlich auf der Maṯnā-Saite. Hat er ein gelbes Gesicht und ist Choleriker, so spiel vor allem auf der Zīr-Saite. Hat er eine weisse Haut, ist dick und aufgedunsen, so spiel in erster Linie auf der Bamm-Saite, und ist er schwärzlich, mager und melancholisch, so spiele auf der Maṯlaṯ". Man sieht, hier hat sich die persische Kultur in ihrem ureigensten Bereich, dem höfischen Wesen, die griechische Theorie nutzbar gemacht und dabei sogar noch die ursprüngliche Korrespondenz-Ordnung Maṯlaṯ~Melancholie und Bamm~Phlegma bewahrt.

Anmerkungen

[1] Aġānī 10, 110.
[2] Dabei treten auch die Begriffe konsonant (mu'talif) und dissonant (muḫtalif) auf (Ibn al-Munağğim 224ff.).
[3] Beispiele bei d'Erlanger, Recueil 335ff.; Rāġā'ī, Muwaššaḥāt.
[4] Zu Isḥāq's *Kitāb Ta'līf al-alḥān* vgl. Neubauer, Īqā'āt 198.
[5] So bei den Iḫwān aṣ-ṣafā', Rasā'il 1, 117, 8.
[6] Aġānī 5, 270, 9ff.; 271, 2ff.
[7] Musīqī 36f. Hierzu Farmer, Historical facts Nr. 32 (286f.).
[8] Musīqī 108, -2ff.
[9] Rasā'il 1, 123, 1ff. Die Reihe der aufgezählten Völker beginnt mit Dēlamiten, Türken, Beduinen, Armeniern und Negern und endet mit Persern und Byzantinern "und anderen Völkern".
[10] Hunt, Origins 22, -2ff.; van der Waerden, Harmonielehre 192.
[11] Arist., Fī l-nafs 47ff.; Fārābī, Mūsīqī 211ff.
[12] van Ess: Theology and Science 15 Mitte.
[13] von Arnim, SVF 2, 872, S. 234.
[14] Bloos 68f.
[15] Rasā'il 1, 117, -3ff.
[16] Aš'arī, Maqālāt 425.
[17] Bloos 118, 2ff.
[18] Aš'arī, Maqālāt 426. Zur mudāḫala vgl. van Ess, Ḍirār, bes. 250f.
[19] In der Terminologie des Chrysipp wäre dies offenbar eine μίξις, nicht eine κρᾶσις (vgl. SVP 2, 471, S. 153).
[20] Zur stoischen "Sympathie" Bloos 96f. Nach Aristoteles (Fī l-nafs 49) kommt die Gehörsempfindung dadurch zustande, dass die Luftbewegung auch die Luft im Mittelohr in Bewegung bringt. Diese Ansicht ist von der arabischen Akustik weitgehend übernommen worden.
[21] Vgl. von Arnim, SVP 2, 299ff., S. 111ff.
[22] Zur gedanklichen Verwandtschaft von stoischen, manichäischen und Naẓẓāmschen Vorstellungen vgl. van Ess, Ḍirār 258f.
[23] Die Zehnzahl der Töne ist ein spezifisches Postulat der Isḥaq-Schule (vgl. Ibn al-Munağğim 217ff.).
[24] Einen zusätzlichen Toncharakter, nämlich cis, ergäbe ohnehin nur der Ringfinger auf der tiefsten Saite. Dafür fehlen B und es unter den Tönen der beiden unteren Saiten.
[25] Zu den Einzelheiten vgl. Gombosi 11.
[26] Ibn al-Munağğim 229ff.

[27] ib. 234,3ff. und 244,1.

[28] Erwogen wurde das Aufziehen einer fünften Saite spätestens, als es um die Einführung des 10. Isḥāqschen Tons fis' ging (Ibn al-Munağğim 194,3f.). Tatsächlich verwendet hat eine fünfte Saite der von Isḥāq ins Exil nach Nordafrika und Spanien vertriebene Ziryāb; allerdings muss der Grund der Saitenerweiterung ein anderer gewesen sein als bei Kindī, denn Ziryābs Zusatzsaite lag in der Mitte, zwischen 2. und 3. Saite (Maqqarī 2, 87,3f.).

[29] vgl. Šauqī, Essay 16f.; die entscheidende Stelle bei Kindī ist 89ff.

[30] Ḫubr 95ff. Man bezeichnete die Oktavgattungen als *luḥūn,* "Idiome", wohl in Anspielung auf den Umstand, dass die entsprechenden griechischen Bezeichnungen "dorisch", "phrygisch", "lydisch" usw. auf bestimmte Volksgruppen Bezug nehmen, wie dies auch bei Dialekten der Fall ist.

[31] Im Rahmen von Isḥāqs zehn Tönen sind nur vier Modi möglich, nämlich hypodorisch (g-a-b-c-d-es-f), phrygisch (g-a-b-c-d-e-f), hypolydisch (g-a-h-c-d-e-f) und lydisch (g-a-h-c-d-e-fis).

[32] Noch sehr viel später gab es Modi, die für einen Tonraum kleiner als eine Quarte definiert waren (vgl. Wright 47ff.).

[33] Manik, Tonsystem 30f.

[34] Gombosi 5ff.

[35] vgl. Kindī/Lachmann/Hefni 11.

[36] Zu diesem Gesichtspunkt Fārābī, Mūsīqī 278ff.

[37] Hierzu Chailley, Musique grecque 83, 85, 93.

[38] Aġānī 5, 227. Zu den sonstigen Quellen über Zalzal vgl. Neubauer, Musiker 193.

[39] Vgl. Wright 58, Tonart 25a, und S. 53, Tonart 17.

[40] Die Laute entsprach der altgriechischen Leier, die ursprünglich auch nur vier Saiten hatte (s.u. Anm. 73). Zur Konstruktion eines vielsaitigen "Monochords", dem *κανών* entsprechend, vgl. Fārābī, Mūsīqī 481ff.).

[41] Vgl. Mūsīqī 142ff. mit 163ff.

[42] Burkert, Weisheit 349 und 351.

[43] Manik, Tonsystem 37-39.

[44] Da qadīm im Sinne von "griechisch" verstanden werden kann, stellt sich die Frage, ob hier noch ein Fossil des enharmonischen Genus vorliegt, das den Orientalen durch den Alexanderfeldzug bekannt geworden wäre. Der Zeigefingerbund wäre dann im Sinne einer doppelt übermässigen Sekunde vom Mittelfingerbund der unteren Saite aus umzudeuten, der antike Mittelfingerbund als Viertelton unter dem persischen Mittelfinger.

[45] Es ist jedoch wesentlich älter; vgl. Reinert, Komma 211f.

[46] Burkert, Lore 387, Anm. 17.

[47] Livre de science 2, 226.

[48] Farmer, Lute scale 243 und 253.

[49] So stellt die Sachlage Sīrāfī (st. 996) dar (Yāqūt, Iršād 11, 73f.). Auch die Legende, dass Ḫalīl von Schlägen arbeitender Kupferschmiede zu seiner Metrik angeregt worden sei, passt dazu (vgl. Ibn Ḫallikān 2,16).

[50] Das älteste Beispiel bietet Kindī (s. Farmer, Sa'adya 20).

[51] Es handelt sich um die beiden Rhythmus-Kapitel seines Kitāb al-Mūsīqī (ed. Ḫašaba 435–481, 983–1055).

[52] Vgl. hierzu die Ausführungen Neubauers in der Einleitung zu seiner Übersetzung des Kitāb al-Īqā'āt 197ff.).

[53] Aristoxenos, Rhythmica 280f.

[54] Sie lautet *naqratāni mutawāliyatāni lā yumkinu an yakūna baina-humā zamānu naqratin* (Farmer, Sa'adya 19), bezieht sich dort allerdings generell auf die Schlageinheit eines Rhythmus, nicht speziell auf die Primärzeit.

[55] Mūsīqī 438, -2f. Dabei handelt es sich wohlverstanden um selbständig erzeugte Schläge oder Töne, nicht etwa um die Elemente eines Tremolos oder Trillers (vgl. Neubauer, Īqā'āt 204, Mitte; 213, -3).

[56] Dabei würde freilich über den rhythmischen Unterschied zwischen Sprechen und Singen hinweggesehen (vgl. dazu Westphal, Melik und Rhythmik 2, CXLVII).

[57] Daher auch verwendet er für die höheren Zeitwerte die abstrakten, nicht nur auf Rhythmen bezogenen Ausdrücke *δίσημος* (binär), *τρίσημος* (ternär), *τετράσημος* (quaternär).

[58] Aristoxenos, Rhythmica 289ff.

[59] So jedenfalls möchte ich die Ausdrucksweise *baina waḍ'i-hī wa-raf'i-hī wa-raf'i-hī wa-waḍ'i-hī zamānu naqratin* deuten (Farmer, Sa'adya 19, Rhythmus 3 und 5). Das Bild scheint auf Tanzschritte zurückzugehen. Der Zeitwert *ἄνω* bezeichnet das Heben des Fusses (leicht), *κάτω* sein Aufsetzen (schwer).

[60] Vgl. etwa Neubauer, Īqā'āt 211, 4ff.

[61] ib. 205ff.

[62] Hierzu scheinen die Mūsīqī 467f. erwähnten Rhythmen zu gehören.

[63] Vgl. Westphal CLIVf. mit Neubauer 201f.

[64] Weitere Beispiele Neubauer, Īqā'āt 222f.

[65] Mūsīqī 456; 478.

[66] In diesem Sinne verstehe ich auch die "kleine" und die "grosse" Trennpause im Kitāb al-Īqā'āt: jene finden wir bei den Rhythmen mit schneller, diese bei Rhythmen mit langsamerer Schlageinheit.

[67] Neubauer 201, -3f.

[68] Aristoxenos, Rhythmica 293ff. Der Ausdruck "irrational" für alogos darf

nicht dazu verleiten, hier etwa an irrationale Zahlen zu denken. Arabische Beispiele bringt Fārābī, Mūsīqī 465f.

69 Farmer, Influence 23.

70 So schon Kindī (Text bei Farmer, Sa'adya 20).

71 Farmer, Influence 16.

72 d'Erlanger, Musique arabe 3,543ff. Um die Einordnung von Ḥiǧāzī in die dritte Gruppe zu rechtfertigen, muss man wohl dessen Quṭbuddīnsche Variante (mit der oberen Quarte c-d↓-e-f) voraussetzen (vgl. Wright 128ff.). Ob man beim Ḥusaini, den Ṣafīyaddīn ebenfalls zu der dritten Gruppe zählt, eine entsprechende Form voraussetzen darf, bleibe dahingestellt.

73 Burkert, Lore and Science 355f., Anm. 40. Materialien zur arabischen Korrespondenz-Theorie findet man bei Farmer, al-Kindī on the "Ēthos" 32ff. Wie zäh sich diese Theorie durch die Jahrhunderte gehalten hat, zeigen die betreffenden Ausführungen in der Šaǧara (17. Jh.), S. 41ff.

74 Zu den Einzelheiten vgl. Farmer, a.a.O. Zur Wirkung der Rhythmen vgl. auch Iḫwān aṣ-ṣafā', Rasā'il 1, 150, -9ff.

75 Qābūs-nāma 175, -2ff.

Bibliographie

Verzeichnis der zitierten Werke

NB: Es werden hier nur diejenigen Werke aufgeführt, die im Text oder in den Anmerkungen explizit genannt wurden. Für eine ausführliche Bibliographie sei verwiesen auf Farmer, H.G.: The Sources of Arabian Music, Brill 1965, und Shiloah, A.: The Theory of Music in Arabic Writings, RISM, München 1979.

Aġānī: Abū l-Faraǧ al-Iṣfahānī: Kitāb al-aġānī. 1–15. Kairo 1346–1379/1927–1959.

Aristoteles: De anima = Fī l-nafs. Ed. 'Abdarraḥmān Badawī. Kairo 1954.

Aristoxenos, Rhythmica. Ed. G.B. Pighi. Bologna 1959.

Aš'arī, Maqālāt al-islāmiyyīn. Ed. H. Ritter. Leipzig 1929–1933.

Avicenna, Le livre de science (Dāniš-nāma). 1–2. Übers. von M. Achena/H. Massé. Paris 1955, 1958.

Bloos, Lutz: Probleme der stoischen Physik. Hamburg 1973.

Burkert, Walter: Weisheit und Wissenschaft. Nürnberg 1962. Lore and Science in Ancient Pythagoreanism. Cambridge (Massachusetts) 1972.

Chailley, Jacques: La musique grecque antique. Paris 1979.

d'Erlanger, Rodolphe: La musique arabe. 1–6. Paris 1930–1957.

– –: Recueil des Travaux du Congrès de Musique Arabe. Kairo 1934.

Fārābī, Mūsīqī: Kitāb al-Mūsīqī al-kabīr. Ed. Ḫašaba. Kairo 1967.

Farmer, Henry George: Historical Facts for the Arabian Musical Influence. Hildesheim/New York 1970.

– –: The Influence of Music from Arabic Sources. London 1926.

– –: The Lute Scale of Avicenna. In "Journal of the Royal Asiatic Society". London 1937, 245–257.

– –: Sa'adyah Gaon on the Influence of Music. London 1943.

Gombosi, Otto J.: Tonarten und Stimmungen der antiken Musik. Kopenhagen 1939.

Hunt, Frederick Vinton: Origins in acoustics; the science of sound from Antiquity to the Age of Newton. New Haven 1978.

Ibn Ḫallikān: Wafayāt al-a'yān. 1–6. Ed. 'Abdalḥamīd. Kairo 1367/1948.

Ibn al-Munaǧǧim: Risāla fī l-mūsīqī. Ed. Yūsuf Šauqī. Kairo 1976.

Iḫwān aṣ-ṣafā': Rasā'il. 1–4. Kairo 1306/1888.

al-Kindī: Risāla fī ḫubr ṣinā'at at-ta'līf. Ed. Yūsuf Šauqī. Kairo 1969. Dasselbe mit dem Titel: Risāla fī ḫubr ta'līf al-alḥān. Ed. R. Lachmann/M. Hefni. Leipzig 1931.

Manik, Liberty: Das arabische Tonsystem im Mittelalter. Leiden 1969.

Maqqarī: Nafḥ aṭ-ṭīb. 1–2. Ed. Dozy u.a. Leiden 1855–1861.

Neubauer, Eckhard: Die Theorie vom īqā': I. Übersetzung d. K. al-īqā'āt von . . . Fārābī. In "Oriens" 21–22/1968–1969, 196–232.

– –: Musiker am Hof der frühen 'Abbāsiden. Diss. Frankfurt a.M. 1965.

Qābūs-nāma, von 'Unṣur al-ma'ālī Kaikāwūs b. Iskandar. Ed. A. 'A. Badawī. Teheran 1382/1963.

Raǧā'ī/Darwīš: al-Muwaššaḥāt al-Andalusiyya. Damaskus s.a.

Reinert, B.: Das Problem des pythagoreischen Kommas in der arabischen Musiktheorie. In "Asiatische Studien" 33/2/1979, 199–217.

Šaǧara: Kitāb aš-šaǧara dāt al-akmām al-ḥāwiya li-uṣūl al-anǧām. Ed. Ḫašaba/Fatḥallāh. Kairo 1983.

Šauqī, Essay, s. al-Kindī: Risāla fī ṣinā'at at-ta'līf.

van der Waerden, B.L.: Die Harmonielehre der Pythagoreer. In "Hermes" 78/1943, 163–199.

van Ess, Josef: Ḍirār b. 'Amr und die "Cahmīya". In: "Der Islam" 43/3/1967, 241–279.

— —: Theology and Science: the case of Abū Isḥāq an-Naẓẓām. Ann Arbor 1978.
von Arnim, Johannes: Stoicorum veterum fragmenta II. Leipzig 1903.
Westphal, R.: Aristoxenos von Tarent. Melik und Rhythmik des classischen Hellenentums. 1–2. Leipzig 1883, 1893.
Wright, O.: The Modal System of Arab and Persian Music. London 1978.
Yāqūt: Iršād al-arīb. 1–20. Kairo 1357/1938.

Grundlegende Beiträge der arabischen Wissenschaft zum Werdegang von Physik und Chemie

Friedemann Rex

Das weltgeschichtlich bedeutsamste Ereignis des 7. Jahrhunderts, ja des Mittelalters schlechthin, ist zweifellos das Aufkommen und die geradezu stürmische Ausbreitung des Islam. Aufs engste damit verbunden ist die Eroberung der wissenschaftlichen Welt durch eine Sprache, deren Ausdrucksmöglichkeiten zur Darstellung diffiziler Sachverhalte dem Griechischen, der mit Abstand wichtigsten vorarabischen Wissenschaftssprache des Westens, zumindest ebenbürtig sind. Etwa ab dem letzten Viertel des ersten Jahrtausends n.Chr. tritt die Sprache des Koran in die Fussstapfen des Griechischen und steigt binnen kurzem in den Rang der mittelalterlichen Wissenschaftssprache par excellence auf, deren sich innerhalb des riesigen islamischen Einflussgebiets praktisch alle Gelehrten vorzugsweise bedienen, also nicht nur Araber im ethnischen und Muslime im religiösen Sinn, sondern auch Perser, Juden, Christen und wer auch immer daran interessiert ist, das überkommene Geistesgut der alten Hochkulturen aufzugreifen, zu rezipieren, umzugestalten und weiterzuentwickeln. In diesem Sinne sollen also die Termini 'Araber' und 'arabisch' in erster Linie für das sprachliche Medium stehen in Abgrenzung gegenüber 'muslimisch' für die Religionszugehörigkeit und 'islamisch' für das Kulturgebiet.

Die Aneignung des antiken und frühmittelalterlichen Wissens durch die Araber vollzieht sich, grob gesagt, in umgekehrter Reihenfolge von dessen ursprünglicher Entstehung. Das heisst, man greift zunächst einmal das auf, was allenthalben präsent ist – und das ist in der arabischen Frühzeit ausser der Medizin vor allem eine noch vorwissenschaftliche Alchemie – und stösst erst danach von diesen jüngeren Schichten aus zu den eigentlichen Hochleistungen des Altertums vor, ein Rezeptionsprozess, der sich später wiederholen wird, wenn sich die Lateiner des ausgehenden Mittelalters das arabische Wissen zugänglich machen und damit auch verschüttetes griechisches Wissen in zunächst arabischem Sprachgewand genauer kennenlernen, bevor man dann in der Renaissance zu den original-griechischen Quellen selbst vordringt. Und vergleichbare Prozesse sind bis in die jüngste Zeit hinein zu konstatieren: Seit vielen Jahrhunderten bewundern wir – und nach wie vor zu Recht – die Mathematik eines Euklid und die Astronomie eines Ptolemäus, ohne bis vor rund hundert Jahren eine auch nur angenäherte Vorstellung vom tatsächlichen Ausmass der vorangegangenen Glanzleistungen der Babylonier gehabt zu haben. Bis dahin konnte man allenfalls ahnen, dass nicht erst Newton[1] und vor ihm die Araber, sondern bereits die Griechen "auf den Schultern von Giganten stehen", was ihre jeweiligen Eigenleistungen ja keineswegs schmälert. Ganz im Gegenteil: Die Konturen des wirklich Neuartigen an einem Werk, einem Autor, einer Disziplin, einer ganzen wissenschaftlichen Epoche treten ja nur um so plastischer hervor, je deutlicher der Hintergrund, vor dem sie sich abheben, vor Augen liegt.

Im arabischen Mittelalter ergeben sich auf nahezu jedem Wissensgebiet grundlegende Neuansätze, und von zweien dieser wissenschaftsgeschichtlich entscheidenden Zäsuren, von denen die eine bereits in die früharabische Zeit fällt, soll nun im folgenden die Rede sein. Ich möchte hier also nicht einen Katalog arabischer Einzelleistungen mit Dutzenden von Gelehrten-Namen zusammenstellen, sondern mich strikt darauf beschränken, lediglich das prinzipiell Neuartige gegenüber der vorarabischen Physik und Chemie herauszuheben und dabei stets die jeweils grösseren Zusammenhänge wenigstens andeutungsweise sichtbar werden zu lassen.

Die beiden ersten Abschnitte suchen die vorarabischen Verhältnisse im physikalischen und chemischen Bereich zu skizzieren, die beiden letzten Abschnitte dann – in umgekehrter, also chronologischer

Reihenfolge – die einschlägigen arabischen Hauptbeiträge, wobei sich zeigen wird, dass sowohl die Chemie als auch die Physik ihre fundamentalen, vorneuzeitlichen Veränderungen einer jeweiligen arabischen Synthese zu verdanken haben, wodurch die Chemie als Ganze den für sie neuen Status fachwissenschaftlicher Eigenständigkeit erlangt, wenn auch unter der Ägide einer verwissenschaftlichten Alchemie, während die bereits bei den Griechen als Fachwissenschaft ausgebildete Physik zu einer wirklichen Naturwissenschaft wird.

Physik in vorarabischer Zeit

Die vornaturwissenschaftliche Gesamtsituation der Physik kann in erster Näherung durch zwei Namen gekennzeichnet werden, von denen jeder eine der beiden voneinander unabhängigen Haupttraditionen zur frühwissenschaftlichen Behandlung physikalischer Dinge nachdrücklich geprägt hat. Der eine, Aristoteles, steht für die ursprüngliche 'Physik' als Lehre von den Naturdingen im allgemeinen, die theoretische Wissenschaft par excellence, die aber einerseits metaphysisch überhöht und andererseits weitgehend unmathematisch ist, der andere, Ptolemäus, für physikalische Teilgebiete in unserem Sinn, namentlich für Astronomie und Optik, die aber nicht als theoretische, geschweige denn experimentelle 'Physik', sondern als angewandte Mathematik betrieben werden.

Zur Verdeutlichung einiger grundsätzlicher Unterschiede zwischen aristotelischer, ptolemäischer und naturwissenschaftlicher Behandlung physikalischer Gegenstände mag ein grob-summarischer Vergleich genügen, der ohne nähere Einzelheiten dem älteren, theoretisch-'physikalischen' Weltbild des Aristoteles das jüngere, mathematisch-astronomische des Ptolemäus gegenüberstellt.

Das aristotelische Weltsystem fusst auf einer in jeder Beziehung strengen Geozentrik, die mit metaphysischem Absolutheitsanspruch vertreten wird, d.h. als absolut wahr gilt: Der Mittelpunkt der absolut ruhenden Erde ist zugleich das exakte geometrische Zentrum der Fixsternsphäre und sämtlicher Planetenbahnen (einschliesslich Sonne und Mond) sowie der natürliche Ort des absolut Schweren, also das einzige universale Gravitationszentrum. In der Welt unterhalb und oberhalb des Mondes herrschen prinzipiell anders geartete Verhältnisse, sowohl in substantieller Hinsicht als auch bezüglich der Bewegungen: Substantielle Veränderungen sind auf die sublunare Region mit ihrer Schichtung Erde, Wassersphäre, Luftsphäre, Feuersphäre, das Reich der vier Elemente, beschränkt. Als natürliche Bewegungen, die keines Antriebs und damit keiner Erklärung bedürfen, gelten diesseits des Mondes geradlinige Radialbewegungen, und zwar für absolut und relativ Schweres (Erdartiges und Wasserartiges) auf das Erdzentrum zu bzw. für absolut und relativ Leichtes (Feuerartiges und Luftartiges) vom Erdzentrum weg. In der translunaren Region dagegen, dem substantiell unveränderlichen Reich der ätherischen Quintessenz (5. Natur), mit ihren Schichten von der Mond- bis zur Fixsternsphäre bestehen die natürlichen Bewegungen ausschliesslich aus konzentrischen gleichförmigen Kreisbewegungen um den Erdmittelpunkt, und davon abweichende Bewegungsarten, etwa näher an die Erde heran oder weiter von ihr weg, sind jenseits des Mondes überhaupt nicht vorgesehen.

Das bedeutet: Im aristotelischen System hat jeder Planet einen ganz bestimmten, ein für allemal festliegenden Abstand von der Erde, und seine Bahnverzögerungen, scheinbaren Stillstände, Beschleunigungen und Schleifen müssen auf mehrere ineinandergeschachtelte konzentrische Sphären zurückgeführt werden, die mit verschiedenen, doch jeweils gleichförmigen Geschwindigkeiten um verschieden orientierte Achsen umlaufen. Was ein solches System aus lauter (insgesamt 55) konzentrischen Sphären grundsätzlich nicht erklären kann und was dazu in eklatantem Widerspruch steht, das sind z.B. das Vorkommen von ringförmigen neben totalen Sonnenfinsternissen sowie die doch so offensichtlichen Helligkeitsschwankungen der Planeten, bedingt durch tatsächlich wechselnde Distanzen von der Erde, zumal eine Zurückführung auf veränderliche Grössen oder auf substantielle Änderungen in der Leuchtkraft oberhalb des Mondes ja ebenfalls ausscheidet.

Das System des Aristoteles ist also auf der einen Seite nicht im Einklang mit Beobachtungen, die bereits dem unbewaffneten Auge zugänglich sind, auf der anderen Seite aber zugleich in einen metaphysischen Gesamtrahmen eingespannt, der den Anspruch auf absolute Gültigkeit erhebt und sich in mancherlei Hinsicht ja auch durchaus bewährt hat. Der Nachteil eines derartigen Universalentwurfs, hervorgegangen aus verabsolutierten Verallgemeinerungen von plausiblen Deutungen naheliegender Phänomene (natürlicher Fall eines Steins, natürliches Steigen einer Flamme, scheinbare Kreisbewegungen am Himmel usw.), besteht freilich darin, dass nur solche Korrekturen zugelassen werden können, die nicht an die Grundfesten rühren. Insofern ist diese aristotelische 'Physik' vom Grundansatz her unvereinbar mit den ptolemäischen Konstruktionen, die mehrere Bewegungszentren ansetzen. Ein Brückenschlag zwischen 'physikalischer' und mathematischer Tradition ist demnach von allem Anfang an erheblich erschwert, und der tatsächliche historische Verlauf lässt eine Zweigleisigkeit, ja Auseinanderentwicklung erkennen, die sich über Jahrhunderte hinzieht. Zudem verkörpert keiner der alten Wissenschaftszweige bereits eine Physik als Naturwissenschaft. Denn Aristoteles schiesst mit seinen dogmatischen Fixierungen über das Ziel hinaus, Ptolemäus dagegen bleibt darunter: Übereinstimmungen der als angewandte Mathematik gepflegten Astronomie und Optik mit der physikalischen Wirklichkeit in unserem Sinn werden nämlich als solche noch gar nicht angestrebt.

Das ptolemäische Weltsystem behält unter anderem das geometrische Zentrum der Fixsternsphäre im Mittelpunkt der ruhenden Erde bei, desgleichen die ja schon voraristotelischen Forderungen nach Gleichförmigkeit und Kreisförmigkeit der himmlischen Bewegungen, verzichtet jedoch auf die einheitliche Koinzidenz und Unbeweglichkeit der Bewegungszentren selbst und führt Aufkreise und Zusatzkonstruktionen ein, deren Details hier ausser Betracht bleiben können. Wesentlich für den vorliegenden Zusammenhang sind vor allem zwei Punkte:

1. Die Planetenbahnmodelle des Ptolemäus müssen den Grundpostulaten genügen und zutreffende Voraussagen der Planetenörter liefern. Nicht verlangt wird hingegen, dass sich der effektive Planetenlauf auch im physikalischen Sinne nach diesen raffiniert ausgetüftelten Modellen vollziehe.

2. Wechselnde Abstände von der Erde sind im Prinzip erfasst, brauchen aber nicht den Konsequenzen aus der Optik Rechnung zu tragen, dass etwa ein Mond in halber Entfernung viermal so gross erscheinen müsste.

Ohne dies nun weiter zu vertiefen, bleibt als Fazit der Beschäftigung mit der physikalischen Welt ein gewissermassen dreifach gestufter Wesensunterschied zu verzeichnen:

a) zwischen moderner Naturwissenschaft und alter Fachwissenschaft,
b) zwischen fachwissenschaftlicher 'Physik' und angewandter Mathematik,
c) zwischen mathematischer Astronomie und Optik.

Chemie in vorarabischer Zeit

Die einschlägigen vorarabischen Aktivitäten lassen sich in drei Traditionen zusammenfassen:

(A) Vor- (und nicht-)alchemistische Techniken
(B) Vor- (und nicht-)alchemistische Theorien
(C) Früheste Alchemien

Die Tradition (A) beginnt bereits in der Vorgeschichte, ist rein empirisch und wird von handwerklichen Metallurgen, Färbern, Glasmachern usw. im unmittelbar-praktischen Umgang mit den Stoffen selbst betrieben. Die zugehörigen Rezeptsammlungen sind frei von Theorie und Alchemie; Imitationen von Edelmetallen und Edelsteinen finden sich als solche ausgewiesen; Echtheitskriterien und bewährte Prüfmethoden stehen zu Gebote.

Die Tradition (B) kommt um die Mitte des ersten vorchristlichen Jahrtausends als derjenige Teil der antiken Fachwissenschaften von der Natur ('Physik', Metaphysik, Meteorologie) auf, der die Erklärung stofflicher Veränderungen zum Thema hat. Hierher gehören Elementenlehre, Atomlehre, Mischungslehre usw., d.h. reine Theorien auf sehr anspruchsvollem Niveau.

Obwohl im Laufe der Jahrhunderte die praktische Tradition einen reichen Fundus an empirischen Erfahrungen und die theoretische

Tradition einen reichen Fundus an wissenschaftlichen Deutungen ausgebildet haben, bleiben die Ausgangsströmungen sachlich, methodisch und personell getrennt; eine direkte Vereinigung zwischen (A) und (B) findet überhaupt nicht statt. Vielmehr bahnt sich eine solche Verknüpfung nur indirekt und schrittweise über alchemistische Brückenglieder an, wobei die Initiative weder von den ungelehrten, aber nüchternen und stofferfahrenen Praktikern noch von den gelehrten Theoretikern ausgeht, sondern von Aussenseitergruppen mit einer ganz anderen Vorstellungswelt. Bei ihnen dominieren vorgefasste Perfektionsideen, die sich über natürliche Grenzen der profanen Praxis einfach hinwegsetzen und deren tatsächliche Endstufen als blosse Zwischenstufen umdeuten, die weiterer, absoluter Vervollkommnungen nach a priori vorgegebenen Zielen fähig sein sollen.

Der Tradition (C), die noch vor der Zeitenwende anhebt und gegen 400 n.Chr. einen ersten Höhepunkt erfährt, geht es also im Gegensatz zu (A) keineswegs darum, *was* sich durch praktische Auslotungen stofflicher Umwandlungen erreichen lässt, sondern einzig und allein darum, *wie* sich ein bereits feststehendes Vervollkommnungsziel, an dessen Realisierbarkeit man überhaupt nicht zweifelt, erreichen lässt. Gewisse Anknüpfungspunkte an (A) sind unverkennbar, wenn auch in einseitiger Auswahl und unkritischer Uminterpretation; mit (B) dagegen gibt es noch so gut wie keine Beziehungen.

Insofern kann im vorarabischen Zeitalter von irgendeiner eigenständigen Fachwissenschaft 'Chemie', die etwa der griechischen 'Physik' an die Seite zu stellen wäre, bei keiner der drei einzelnen Teilströmungen auch nur entfernt die Rede sein. Gleichwohl bedeuten jedoch die frühalchemistischen Verknüpfungen von Empirie (realisierte Imitationen und Heilpräparate) und Ideologie (postulierte Transmutationen und Elixiere der Unsterblichkeit) in der griechisch-alexandrinischen bzw. chinesischen Alchemie einen ersten Brückenschlag, mit dem zwar ein Umweg eingeschlagen wird, der aber über den arabischen Anschluss an die Begrifflichkeit der griechischen Wissenschaft zu neuen Ufern führt: zu einer alchemistischen Fachwissenschaft (D), die letztlich in die frühneuzeitliche Chemie (E) einmündet. Somit wird die bereits früharabische Verknüpfung von (C) und (B) zum eigentlichen Ausgangspunkt einer konvergierenden chemi-

schen Gesamtwissenschaft, begründet unter alchemistischem Vorzeichen, zugleich aber auch unter Aufwertung des alchemiefreien Unterbaus, der freilich noch Jahrhunderte brauchen wird, um über die alchemistische Primärmotivation die Oberhand zu gewinnen. Alchemistisches Gedankengut, wenn auch nicht mehr als tonangebende Komponente, findet sich nicht nur im ersten Lehrbuch der Chemie (Libavius 1597)[2], sondern auch noch weit nach Nicolas Guibert[3], dessen faktische Entalchemisierung von 1603 sich seinerzeit nicht hat durchsetzen können. Doch dies nur am Rande. Die Chemie als Ganze verdankt jedenfalls ihren entscheidenden weiterführenden Neuansatz im Hinblick auf die Herausbildung einer wirklichen Wissenschaft dem arabischen Gespür, sich den griechischen Begriffsapparat auch für sol-

che Gebiete nutzbar zu machen, die ausserhalb des bisherigen Kanons der Wissenschaften geblieben waren.

Der arabische Hauptbeitrag zur Chemie

Die fundamentale Bedeutung des Stellenwerts von (D) im Entwicklungsgang der Chemie mag folgende Skizze[4] veranschaulichen:

Profan-praktische Tendenzen: (A)

Alchemistische Tendenzen: (C) ⟶ (D) ⟶ (E)

Wissenschaftliche Tendenzen: (B)

Sehen wir uns nun die erstmalige Zusammenführung sämtlicher Ausgangstendenzen in (D) nur ein wenig genauer an, so steht dieses Sigel für einen hierarchischen Komplex von lauter Einzeldisziplinen, die *durchweg* alchemistischer oder auch chemischer Couleur sind und als solche einem anderen Kanon gegenübergestellt werden, zu dessen Hierarchie die klassischen griechischen Wissenschaften 'Physik', Astronomie, Arithmetik, Geometrie und Metaphysik gehören, also lauter Disziplinen *ohne* alchemistische oder chemische Ausrichtung. Vorgelegt wird dieses neue Wissenschaftsprogramm in zwei Frühschriften aus dem Corpus des Ǧābir b. Ḥaiyān, dem Kitāb al-Ḥudūd (Schrift der Definitionen) und dem Kitāb al-Iḫraǧ (Schrift vom Überführen). In der erstgenannten Schrift[5] werden Chemie (ᶜilm aṣ-ṣanā'iᶜ) und Alchemie (ᶜilm aṣ-ṣanᶜa) als Inbegriff einer neuen 'Weltwissenschaft' (ᶜilm ad-dunyā) etabliert, und in der zweiten Schrift[6] gipfeln die dortigen 'Weltwissenschaften' (ᶜulūm al-ᶜālam) in der Konzeption einer 'Bio-Alchemie' (ᶜilm at-takwīn).

Die neue 'Weltwissenschaft'

Dass die überkommenen antiken Wissenschaften in einer umfassenden 'Religionswissenschaft' (ᶜilm ad-dīn) aufgehen, der in Gestalt der 'Weltwissenschaft' ein völlig neuartiger Wissenschaftstyp an die Seite tritt, mag auf den ersten Blick etwas seltsam anmuten, weist aber bei näherem Zusehen auf einen grundsätzlichen Unterschied zwischen 'Schreibtisch"- und "Labor"-Wissenschaft hin, um die Termini Geistes- und Naturwissenschaft im modernen Sinn tunlichst zu vermeiden. Die genuin-griechischen Wissenschaften sind ihrem Wesen nach in der Tat derart, dass zu ihren Gegenständen zwar Theorien über stoffliche Veränderungen gehören, aber keinerlei Versuche, mit den Stoffen selbst zu laborieren. Griechische Wissenschaft kann gewissermassen von einem reinen Geistwesen betrieben werden, ist weder an die Körperhaftigkeit der Welt noch an die des Menschen selbst gebunden, ja, entfaltet ihren eigentlichen Nutzen erst nach dem Tode. Genau dieser Aspekt liegt der früharabischen 'Religionswissenschaft' zugrunde, die neben der Kultwissenschaft (ᶜilm aš-šarᶜ) die (griechische) Vernunftwissenschaft (ᶜilm al-ᶜaql) – darunter die obenerwähnten Disziplinen – voll integriert. Nach dem Selbstverständnis der Ǧābir-Schriften ist also das Studium von Mathematik, 'Physik' und Astronomie Teil einer intellektuellen Todesvorbereitung!

In diese jenseitsorientierte Umwertung der griechischen Fachwissenschaften geht übrigens erwartungsgemäss eine der alten Disziplinen nicht ein, nämlich die Medizin, die im Wissenschaftskatalog der Definitionen-Schrift überhaupt nicht auftaucht, obwohl sie doch geradezu das Paradebeispiel für die diesseitsorientierte 'Weltwissenschaft' abgeben könnte. Die vorläufige Nichtberücksichtigung einer bereits anerkannten Stoff-Wissenschaft mag mit der Absicht zusammenhängen, als 'Weltwissenschaft' zunächst einmal diejenigen Gebiete in Angriff zu nehmen, denen bislang jegliche wissenschaftliche Fundierung fehlt: die vorarabische Alchemie samt ihrem profanen Unterbau.

Und so kommt es mit den bewährten Mitteln der griechischen Begrifflichkeit, Gliederung und Methodik zur Begründung einer eigenständigen chemo-alchemistischen Gesamtwissenschaft namens 'Weltwissenschaft', deren hier nicht im einzelnen aufzuzählende Teildisziplinen von der gewöhnlichen Erwerbs-Chemie bis zur metallischen Transmutations-Alchemie reichen. Wissenschaftsgeschichtlich ausschlaggebend sind hier nun weder konkret-chemische Sach-Details noch die Beibehaltung, ja Aufwertung der Alchemie, sondern der durchgreifende Versuch, den ungebändigten Wildwuchs der alchemistischen Hinterlassenschaft auf rationale Weise zu domestizieren. Wenn man dabei an der prinzipiellen Umwandelbarkeit der Metalle ineinander festhält, bleibt man durchaus auf dem Boden gängiger griechischer Vorstellungen.

So viel zur früharabischen Grundlegung einer neuen Fachwissenschaft von den Stoffen.

Weitere 'Weltwissenschaften'

Was in der Definitionen-Schrift stillschweigend ausgeklammert worden war, bildet in der ausführlicheren Überführungs-Schrift den Auftakt einer Siebenheit von 'Weltwissenschaften' noch vor der (Transmutations-)Alchemie: die Medizin, der im Hinblick auf die Spitzenwissenschaft dieses Septiviums, die 'Bio-Alchemie', eine ähnliche Rolle zufällt wie der profanen Chemie in bezug auf die Metall-Alchemie.

Die restlichen 'Weltwissenschaften' können hier übergangen werden, mit Ausnahme der vorletzten, die als 'Wissenschaft vom Massverhältnis' (ᶜilm al-mīzān) quantitative Momente ins Spiel bringt, die zwar völlig spekulativ bleiben, mit denen aber immerhin eine Art alchemistischer Proportionenlehre ins Leben gerufen wird. Auch hierzu wäre wiederum anzumerken: Nicht die absolute Unzulänglichkeit einer solchen Quasi-Stöchiometrie ist der wesentliche Punkt, sondern der konsequente Versuch, die Welt der Stoffe aus einer bloss qualitativen Betrachtungsweise herauszuführen.

"Scientia universalis"

Die Ǧābir-Schriften verknüpfen mit ihrer neugeschaffenen Chemo-Alchemie, die sich im Prinzip zutraut, artifizielle Organismen bis hin zum Homunculus erzeugen zu können, den Anspruch einer (gewiss masslos übersteigerten) Universalwissenschaft. Gleichwohl verlangt diese, auf griechische Rationalität gegründete Alchemie – und nur deshalb verdient sie das Attribut als Fachwissenschaft – im Rahmen der seinerzeitigen Theorien weniger Unmögliches als etwa die chinesische Alchemie mit ihrem Elixier der Unsterblichkeit. Andererseits findet sich in der fachwissenschaftlichen arabischen Alchemie neben westlichem auch fernöstliches Gedankengut inkorporiert, worauf hier nicht näher einzugehen ist[7]. All dies soll lediglich nochmals unterstreichen, dass die Chemie insgesamt durch den arabischen Entwicklungsschritt auf eine Ebene angehoben worden ist, die den um 1200 einsetzenden lateinischen Fortentwicklungen als wissenschaftlich ernstzunehmende Ausgangsbasis dienen kann.

Das quasi-faustische Ideal einer universalen Gelehrsamkeit in Theorie und Praxis, in Wort und Tat, in Erkenntniskraft und Schöpferkraft entspricht wohl am ehesten dem früharabischen Selbstverständnis der wissenschaftlichen Diesseits-Erfüllung. Mit einem solchen Rang sind vor mehr als tausend Jahren Alchemie, vor-naturwissenschaftliche Chemie und arabische Wissenschaft schlechthin einmal angetreten. Der Chemiker von heute hat allen Grund, mit den pervertierten Formen seines Fachs nicht zugleich dessen seriöses Erbe abzutun, auch wenn es anders aussieht als eine positivistische Wissenschaft.

Der arabische Hauptbeitrag zur Physik

Während auf chemischem Felde eine wie auch immer eigenständige Fachwissenschaft von den Arabern erst noch geschaffen werden musste, liegen auf physikalischem Felde bestens ausgebildete fachwissenschaftliche Traditionen längst vor, die allerdings auf ganz verschiedenen Bahnen verlaufen und keineswegs in Richtung einer einheitlichen, wirklich naturwissenschaftlichen Physik konvergieren. Schematisch ergibt sich also folgendes Problem, um es gleich auf die hier zu referierende Lösung zuzuschneiden:

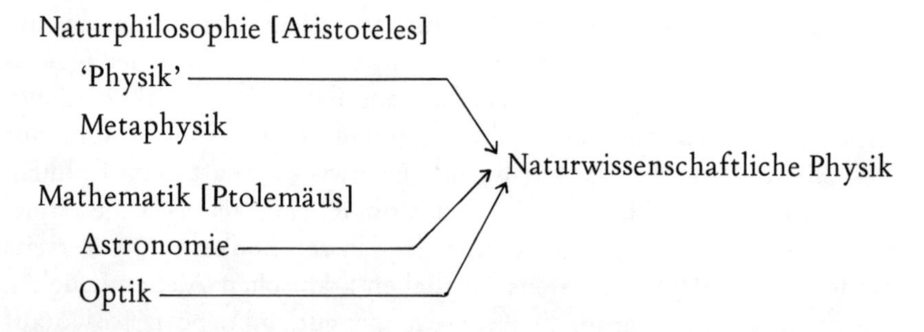

Diese Synthese aus der alten 'Physik' durch behutsame Zurückschraubung ihres metaphysischen Absolutheitscharakters einerseits und der angewandten Mathematik durch physikalische Aufwertung ihrer Modelle andererseits erfolgt um das Jahr 1000 n.Chr. und ist das Verdienst des Ibn al-Haiṯam[8], der die Diskrepanz aus dem griechischen Erbe, die bis zu seiner Zeit nahezu ein volles Jahrtausend lang bestanden hat, zu überbrücken sucht und damit rund 600 Jahre vor Galilei die Wurzeln zu einer im Prinzip einheitlichen Physik im modernen Sinn gelegt hat. Von Ibn al-Haiṯam stammt der Satz: "Der Weg zur Erkenntnis" der wahren Beschaffenheit eines Gegenstands "ist zusammengesetzt aus den physikalischen Wissenschaften und den mathematischen Wissenschaften"[9], d.h. konkret: aus den Ansätzen der herkömmlichen griechischen 'Physik' und denen der (astronomisch und optisch) angewandten Mathematik, wobei diese Zusammensetzung nach der jahrhundertelangen Auseinanderentwicklung sich nicht in einer blossen Addition erschöpfen kann. Wie mächtig dieses neue Programm des Ibn al-Haiṯam bis in die neuzeitliche Terminologie hinein nachwirkt, zeigt nicht zuletzt noch der Titel von Newtons Hauptwerk aus dem Jahre 1687: Philosophiae naturalis Principia mathematica, also: "Der Naturphilosophie" = 'Physik' "mathematische Prinzipien"!

Ibn al-Haiṯam ist zutiefst davon durchdrungen, dass es nur eine Wahrheit geben könne, die sich aber offensichtlich nicht aus den Widersprüchen der religiösen Bekenntnisse gewinnen lasse. Und dieses Negativ-Resultat weist ihn auf den Weg der Natur. Ich beschränke mich hier auf wenige Angaben aus zwei Schriften: Fī Ḍau' al-Qamar (Über das Licht des Mondes)[10] sowie Fī Hai'at al-ᶜĀlam (Über den Bau der Welt)[11].

Über das Mondlicht

Ibn al-Haiṯam stellt zunächst zwei Ansichten vor, die sich auf Anhieb kaum zu unterscheiden scheinen:

(A) Die theoretischen Philosophen ('Physiker' und Metaphysiker) sagen,
"dass das Licht des Mondes von der Sonne stamme und durch Reflexion zur Erde gelange".
Indizien dafür seien die Phasen und Verfinsterungen des Mondes. Ob aber diese Behauptung bewiesen und die Beschaffenheit des Mondlichtes untersucht worden sei – darüber hat Ibn al-Haiṯam in seinen Quellen nichts ausfindig machen können.

(B) Die Mathematiker (Astronomen und Optiker) sagen,
"dass es sich bei den Strahlen des Mondes um die durch den Mond zur Erde hin reflektierten Strahlen der Sonne handle".
Der Mond sei ein sphärischer Spiegel und seine strahlende Farbe nichts anderes als das Sonnenlicht.
Auch hierzu findet Ibn al-Haiṯam weder Beweise noch Versuche vor.

Was er allerdings gefunden hat, ist eine echt physikalische Fragestellung – und deren Lösung. Zuvor aber noch ein weiteres Direktzitat zur näheren Verdeutlichung der Ausgangspositionen (A) und (B) sowie des Vereinigungspostulats:

> "Die Diskussion über das Wesen des Lichtes gehört zu den physikalischen Wissenschaften[12]; aber die Diskussion über die Art und Weise der Strahlung des Lichtes bedarf der mathematischen Wissenschaften wegen der Linien, auf welchen sich das Licht ausbreitet. Ebenso gehört die Diskussion über das Wesen des Strahls zu den physikalischen Wissenschaften; aber die Diskussion über seine Form und Erscheinung gehört zu den mathematischen Wissenschaften. Und ebenso verhält es sich mit den durchsichtigen Körpern, durch welche das Licht durchdringt: Die Diskussion über das Wesen ihrer Durchsichtigkeit gehört zu den physikalischen Wissenschaften; aber die Diskussion über die Art und Weise der Ausbreitung des Lichtes in ihnen gehört zu den mathematischen Wissenschaften. So muss sich also die Diskussion über das Licht, den Strahl und die Durchsichtigkeit aus den physikalischen Wissenschaften und den mathematischen Wissenschaften zusammensetzen."

Seine eigentliche Untersuchung über die Art des Mondlichtes beginnt Ibn al-Haiṯam mit einer Einteilung sämtlicher Leuchtkörper in drei Typen:

(I) Selbstleuchtende Körper, bei denen von jedem ihrer Punkte zu jedem ihnen gegenüberliegenden Punkt Licht ausgehe;
(II) Reflektierende Körper, deren Lichtausstrahlung nicht mehr so uneingeschränkt erfolge;
(III) Transparente Körper mit ebenfalls eingeschränkter Ausbreitung des aufgenommenen Lichts.

Da nun der Mond einerseits gemäss der Charakterisierung (I) strahle, andererseits aber seinen leuchtenden Teil stets der Sonne zukehre und bei Sonnenfinsternissen dunkel erscheine, sei zu untersuchen:

(1) Ist der Mond dennoch Selbstleuchter?
(2) Ist der Mond ausschliesslich Sonnenlichtempfänger und strahlt dennoch gemäss (I)?

Und für den Fall (2) habe man weiterhin zu klären:

(2a) Ist der Mond ein Spiegel im Sinne der Behauptung (B)?
(2b) Ist der Mond transparent (III)?
(2c) Existiert eine andere Möglichkeit?

Damit ist die Disposition des Problems gegeben.

Unter der Annahme (1), die als erste diskutiert wird, kommen für die Phasen des Mondes zwei Erklärungsmöglichkeiten in Betracht:

(1a) Um den selbstleuchtenden Mond rotiert eine dunkle Halbkugelschale.
(1b) Der Mond selbst besteht aus einer selbstleuchtenden und einer dunklen Halbkugel.

Nicht erklärbar mit solchen Mitteln sei aber die Verfinsterung des Mondes unter Beibehaltung naturphilosophischer Grundsätze (substantielle Unveränderlichkeit der Himmelskörper, Gleichförmigkeit ihrer Bewegungen), die Ibn al-Haiṯam als allgemein anerkannt ohne Diskussion übernimmt. Seine weiteren Erörterungen, die hier nicht im einzelnen verfolgt zu werden brauchen, führen jedenfalls zur Ausscheidung des Falles (1). Der Mond *ist* also kein Selbstleuchter, *verhält* sich aber wie ein solcher, indem seine Strahlung gemäss (I) vonstatten geht, was nun experimentell nachgewiesen wird.

Dazu dient ein Visierlineal[13] mit einer winzigen Bohrung als Okular und einem spaltförmigen Objektiv mit Zusatzblende, wodurch bei den unterschiedlichsten Phasen und Stellungen des Mondes dessen sichtbarer Teil punktförmig aufgelöst und so auf einem Bildschirm hinter dem Okular aufgefangen werden kann. Diese Experimente bestätigen die Strahlung von Punkt zu Punkt gemäss (I) und sprechen gegen (2a), und das Phänomen der Sonnenfinsternisse schaltet (2b) aus. Verbleibt also nur eine dritte Möglichkeit (2c).

Im Rest der Abhandlung geht es insbesondere um die minuziöse Widerlegung von (2a), und als abschliessendes Endergebnis (2c) ergibt sich: Beim Leuchten des Mondes, der weder ein selbstleuchtender noch ein spiegelnder, noch ein transparenter Körper ist, muss es sich im wesentlichen um eine seiner Substanz eigentümliche leuchtende Farbe handeln, die beim Einfall von Sonnenlicht in Erscheinung tritt.

Mit einem aufs äusserste verknappten Referat aus einer einzigen Schrift kann die fundamentale physikgeschichtliche Zäsur um die Jahrtausendwende selbstverständlich nur skizzenhaft angedeutet werden. Vielleicht lässt sich aber doch erkennen, dass in diese neue Physik (ohne Gänsefüsschen) mehr eingeht als eine bloss additive Zusammenführung des Althergebrachten. Generell werden weder die ursprüngliche 'Physik' noch die angewandte Mathematik kritiklos in Bausch und Bogen übernommen, und speziell konnte ein allgemeiner Zusammenhang zwischen Licht und Farbe nicht nur als Hypothese aufgestellt, sondern experimentell gerechtfertigt werden.

Dass sich die von Ibn al-Haiṯam in die Wege geleitete Physikalisierung nicht nur auf die Optik erstreckt, mag zum Schluss noch ein ganz kurzer Blick in die andere angezeigte Schrift darzutun versuchen.

Über den Weltbau

Hier sucht Ibn al-Haiṯam das kinematische System des Ptolemäus mit dem konzentrischen des Aristoteles in einer Art Kugellager zu vereinigen und gelangt mit diesem materialisierten mechanischen Weltmodell durchsichtiger starrer Ätherschalen, die ineinander gleiten, d.h. mit der ersten konstruktiven Himmelsmechanik überhaupt, zu einer ebenfalls einheitlichen Deutung, ungeachtet dessen, inwieweit mit einer solchen Synthese, welche die seit der Antike bestehende Kluft zu überbrücken trachtet, die wirklichen Verhältnisse der physikalischen Realität bereits getroffen werden.

Entscheidend ist vielmehr:

1. Die Physik, die es von nun an gibt, schleppt zwar nach wie vor und noch für einige weitere Jahrhunderte allen möglichen metaphysischen Ballast mit sich herum (unbewegte Erde, translunare Unveränderlichkeit usw.), ist aber prinzipiell einheitlich, überprüfbar, korrekturfähig, konvergent, mit einem Wort: naturwissenschaftlich geworden.
2. Die arabische Reform der fachwissenschaftlichen zur naturwissenschaftlichen Physik – und Entsprechendes gilt auf jeweils anderer

Ebene auch für die Chemie, für die Mathematik, für die Medizin und weitere Gebiete – ist wie wohl jede zukunftsträchtige Reform nicht dadurch zustande gekommen, dass man zunächst einmal alles über den Haufen geworfen hätte, sondern durch eine Reihe nuancierter Neuerungen und behutsamer Abstriche unter weitgehend konservativer Wahrung des Vorhandenen. Der Teufel – oder, um mit Aby Warburg zu reden: der liebe Gott – steckt im Detail und nicht in einem Paradigmenwechsel, von dem heutzutage so viel und gern geredet wird.

Anmerkungen und Literatur

16. Feb 90

1 Vgl. Matthias SCHRAMM: Naturwissenschaft im Islam – Ihr Einfluss auf die abendländische Kultur (Zeitschrift für Kulturaustausch *35* [1985] 349-361; hier 354, 361).

2 Friedemann REX: Die Alchemie des Andreas Libavius, ein Lehrbuch der Chemie aus dem Jahre 1597, zum ersten Mal in deutscher Übersetzung mit einem Bild- und Kommentarteil, Weinheim 1964.

3 Friedemann REX: Nicolas Guibert – eine Art chemischer Kopernikus, das verkannte Ende der Alchemie im Jahre 1603 (Chemie in unserer Zeit *14* [1980] 191-196).

4 Vgl. Friedemann REX: Die Bedeutung der arabischen Alchemie für die Entwicklung der Chemie (Zeitschrift für Kulturaustausch *35* [1985] 391–397; hier 391).

5 Vgl. Paul KRAUS: Studien zu Jābir ibn Hayyān (Isis *15* [1931] 7-30; hier 12).

6 Friedemann REX: Zur Theorie der Naturprozesse in der früharabischen Wissenschaft, das 'Kitāb al-Iḫrāǧ', übersetzt und erklärt, ein Beitrag zum alchemistischen Weltbild der Ǧābir-Schriften (8./10. Jahrhundert n.Chr.), Wiesbaden 1975.

7 Vgl. Friedemann REX: Chemie und Alchemie in China (Chemie in unserer Zeit *21* [1987] 1-8).

8 Siehe Matthias SCHRAMM: Ibn al-Hayṯams Weg zur Physik, Wiesbaden 1963. Dem näher interessierten Leser kann das Studium dieser sehr wichtigen und ausserordentlich inhaltsreichen Monographie wesentliche Eindrücke in einem doppelten Sinn vermitteln: zum einen von mittelalterlich-physika-

lischer Forschung und zum anderen von modern-wissenschaftsgeschichtlicher Forschung.

[9] Ibid., S. 6.

[10] Ibid., S. 70ff.

[11] Ibid., S. 63ff.

[12] Zitatentnahme aus Shmuel SAMBURSKY: Der Weg der Physik, 2500 Jahre physikalischen Denkens, Texte von Anaximander bis Pauli, Zürich/München 1975, S. 185, unter jeweiliger Änderung von "Naturwissenschaften" in "physikalische Wissenschaften".

[13] Abbildungen und alles Nähere in Lit. 8, S. 146ff.

Schlussbemerkung: Die jetzige schriftliche Fassung (1987) ist gegenüber dem mündlichen Vortrag (1986) bezüglich der "Chemie" (Lit. 4) etwas gekürzt, bezüglich der "Physik" (Lit. 8) etwas erweitert. Die knappen (und einseitigen) Literaturhinweise entsprechen dem Charakter einer "Rede", nicht einer "Schreibe"; sie beziehen sich nur auf unmittelbar Angesprochenes bzw. kurzgefasste Ergänzungen (Lit. 5 teilweise überholt). Auf eine Auflistung von übergreifender Standard- und Spezialliteratur wurde bewusst verzichtet.

Summary

This paper offers a small contribution to the understanding of science as a growing organism. The author makes two main points:

first, that it is with the development of a 'rational' alchemy at the dawn of Arabic scientific studies that an entirely new science – chemistry – is born;

second, that physics in the modern sense of the word has its origins in Arab scientific activities which combined two branches of earlier science (viz. Greek physics and mathematics) with experimental methods of their own.

Personenverzeichnis I (bis 1800)

Personenverzeichnis II (19. und 20. Jh.)

Autorenverzeichnis

Prof. Dr. h.c. Bartel Leendert van der Waerden
Wiesliacherstrasse 5

CH-8053 Zürich

Prof. Dr. Gerhard Endress
Seminar für Orientalistik
Ruhr-Universität Bochum
Postfach 10 21 48, Gebäude GB

D-4630 Bochum

Prof. Dr. Johann Christoph Bürgel
Islamwissenschaftliches Seminar
der Universität Bern
Sternengässchen 1

CH-3011 Bern

Frau Dr. Yvonne Dold-Samplonius
Türkenlouisweg 14

D-6903 Neckargemünd

Prof. Dr. Benedikt Reinert
Sulzer-Hirzel-Strasse 8

CH-8400 Winterthur

Prof. Dr. Friedemann Rex
Fürststrasse 21

D-7400 Tübingen